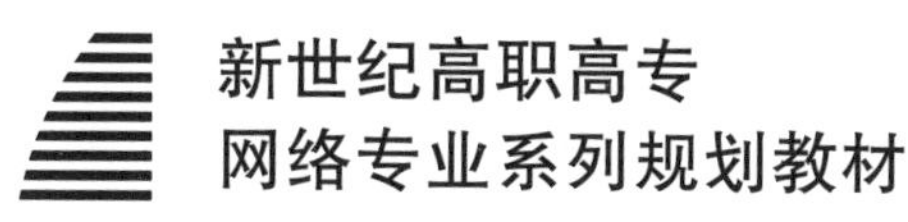

网站前端开发项目教程

新世纪高职高专教材编审委员会 组编
主　编　程淑玉　王韦伟

大连理工大学出版社

图书在版编目(CIP)数据

网站前端开发项目教程/ 程淑玉，王韦伟主编. -- 大连 ：大连理工大学出版社，2019.9(2020.8 重印)
新世纪高职高专网络专业系列规划教材
ISBN 978-7-5685-2332-5

Ⅰ. ①网… Ⅱ. ①程… ②王… Ⅲ. ①网页制作工具－程序设计－高等职业教育－教材 Ⅳ. ①TP393.092.2

中国版本图书馆 CIP 数据核字(2019)第 240516 号

大连理工大学出版社出版

地址：大连市软件园路 80 号　邮政编码：116023
发行：0411-84708842　邮购：0411-84708943　传真：0411-84701466
E-mail：dutp@dutp.cn　URL：http://dutp.dlut.edu.cn

大连图腾彩色印刷有限公司印刷　　大连理工大学出版社发行

幅面尺寸：185mm×260mm　印张：16.75　字数：383 千字
2019 年 9 月第 1 版　2020 年 8 月第 2 次印刷

责任编辑：马　双　责任校对：李　红
封面设计：张　莹

ISBN 978-7-5685-2332-5　定　价：47.80 元

本书如有印装质量问题，请与我社发行部联系更换。

总　序

我们已经进入了一个新的充满机遇与挑战的时代，我们已经跨入了21世纪的门槛。

20世纪与21世纪之交的中国，高等教育体制正经历着一场缓慢而深刻的革命，我们正在对传统的普通高等教育的培养目标与社会发展的现实需要不相适应的现状做历史性的反思与变革的尝试。

20世纪最后的几年里，高等职业教育的迅速崛起，是影响高等教育体制变革的一件大事。在短短的几年时间里，普通中专教育、普通高专教育全面转轨，以高等职业教育为主导的各种形式的培养应用型人才的教育发展到与普通高等教育等量齐观的地步，其来势之迅猛，发人深思。

无论是正在缓慢变革着的普通高等教育，还是迅速推进着的培养应用型人才的高职教育，都向我们提出了一个同样的严肃问题：中国的高等教育为谁服务，是为教育发展自身，还是为包括教育在内的大千社会？答案肯定而且唯一，那就是教育也置身其中的现实社会。

由此又引发出高等教育的目的问题。既然教育必须服务于社会，它就必须按照不同领域的社会需要来完成自己的教育过程。换言之，教育资源必须按照社会划分的各个专业（行业）领域（岗位群）的需要实施配置，这就是我们长期以来明乎其理而疏于力行的学以致用问题，这就是我们长期以来未能给予足够关注的教育目的问题。

众所周知，整个社会由其发展所需要的不同部门构成，包括公共管理部门如国家机构、基础建设部门如教育研究机构和各种实业部门如工业部门、商业部门，等等。每一个部门又可做更为具体的划分，直至同它所需要的各种专门人才相对应。教育如果不能按照实际需要完成各种专门人才培养的目标，就不能很好地完成社会分工所赋予它的使命，而教育作为社会分工的一种独立存在就应受到质疑（在市场经济条件下尤其如此）。可以断言，按照社会的各种不同需要培养各种直接有用人才，是教育体制变革的终极目的。

随着教育体制变革的进一步深入，高等院校的设置是否会同社会对人才类型的不同需要一一对应，我们姑且不论，但高等教育走应用型人才培养的道路和走研究型（也是一种特殊应用）人才培养的道路，学生们根据自己的偏好各取所需，始终是一个理性运行的社会状态下高等教育正常发展的途径。

高等职业教育的崛起，既是高等教育体制变革的结果，也是高等教育体制变革的一个阶段性表征。它的进一步发展，必将极大地推进中国教育体制变革的进程。作为一种应用型人才培养的教育，它从专科层次起步，进而应用本科教育、应用硕士教育、应用博士教育……当应用型人才培养的渠道贯通之时，也许就是我们迎接中国教育体制变革的成功之日。从这一意义上说，高等职业教育的崛起，正是在为必然会取得最后成功的教育体制变革奠基。

高等职业教育才刚刚开始自己发展道路的探索过程，它要全面达到应用型人才培养的正常理性发展状态，直至可以和现存的（同时也正处在变革分化过程中的）研究型人才培养的教育并驾齐驱，还需假以时日；还需要政府教育主管部门的大力推进，需要人才需求市场的进一步完善，尤其需要高职高专教学单位及其直接相关部门肯于做长期的坚韧不拔的努力。新世纪高职高专教材编审委员会就是由全国100余所高职高专院校和出版单位组成的、旨在以推动高职高专教材建设来推进高等职业教育这一变革过程的联盟共同体。

在宏观层面上，这个联盟始终会以推动高职高专教材的特色建设为己任，始终会从高职高专教学单位实际教学需要出发，以其对高职教育发展的前瞻性的总体把握，以其纵览全国高职高专教材市场需求的广阔视野，以其创新的理念与创新的运作模式，通过不断深化的教材建设过程，总结高职高专教学成果，探索高职高专教材建设规律。

在微观层面上，我们将充分依托众多高职高专院校联盟的互补优势和丰裕的人才资源优势，从每一个专业领域、每一种教材入手，突破传统的片面追求理论体系严整性的意识限制，努力凸现高职教育职业能力培养的本质特征，在不断构建特色教材建设体系的过程中，逐步形成自己的品牌优势。

新世纪高职高专教材编审委员会在推进高职高专教材建设事业的过程中，始终得到了各级教育主管部门以及各相关院校相关部门的热忱支持和积极参与，对此我们谨致深深谢意；也希望一切关注、参与高职教育发展的同道朋友，在共同推动高职教育发展、进而推动高等教育体制变革的进程中，和我们携手并肩，共同担负起这一具有开拓性挑战意义的历史重任。

新世纪高职高专教材编审委员会

2001年8月18日

前言

《网站前端开发项目教程》是新世纪高职高专教材编审委员会组编的网络专业系列规划教材之一。

网站前端开发是指利用 HTML、CSS 及 JavaScript 等前端开发技术和前端开发工具创建 Web 页面或 App 等前端界面并呈现给用户的过程。随着云平台、大数据、互联网＋、新兴技术行业的发展，用户对网站前端开发要求越来越高。网页不再只承载单一的文字和图片，各种富媒体让网页的内容更加生动，网页上软件化的交互形式为用户提供了更好的使用体验，这些都是基于前端技术实现的。网站前端开发主要包括三个要素：HTML 结构化语言、CSS 表现技术和 JavaScript 交互技术。

本教材以培养具有良好综合素质，掌握 Web 前端开发基础知识，具备静态网页设计、开发、调试等能力，能从事 Web 前端开发工作的技术技能型人才为目标来进行编写。

本教材以流行的 Hbuilder 软件为开发工具，通过五个单元全面介绍了网站前端开发技术，其中：

单元一——网站前端开发基础：介绍网站开发的基础知识、Web 标准的基本概念、站点的创建、浏览器的选择与调试。

单元二——HTML 结构化语言：介绍了 HTML5 基本结构与语法，HTML5 常用的标签，并利用 HTML 结构化语言设计了“学校概况”页面。

单元三——CSS 表现技术：介绍了 CSS3 的基本结构和语法、CSS3 背景，文字、列表、盒模型、浮动、定位等样式应用，并利用 CSS3 美化了“学校概况”页面。同时利用 HTML5＋CSS3 设计了新城实验小学的“首页”和“用户注册”页面。

单元四——JavaScript交互技术：介绍了JavaScript的基本结构和语法、JavaScript的事件处理过程、DOM文档对象模型、BOM浏览器对象模型，并利用JavaScript技术完成了“用户信息的验证”、“焦点图轮播”和“Tab面板”特效的制作。

单元五——综合实训：通过一个企业网站项目，讲述了网站从策划、建立项目、设计页面到代码实现等一系列工作流程，让学生能根据视觉和交互原型要求实现网站页面和交互效果。

本教材具有如下特色：

1. 校企“双元”合作开发教材

本教材的编写人员由业务工作经验丰富的企业工程师和一线教师共同组成。在编写本教材的过程中，企业工程师遵守项目实施情况提供项目原型，校企共同明确岗位能力，在校教师按高职学生认知特点重构项目教学过程。编写完成后，由校企双方专家共同审定。在使用过程中，校企保持联系，实时调整、更新教材内容。

2. 任务驱动，项目教学，兼具知识的系统性和完整性

采用“任务驱动，项目教学”的编写思路，以职业场景、职业技能、知识能力为主要框架结构，以解决实际项目的思路和操作为主线，详细介绍前端开发技术，突出学生技能的培养。在内容上引入了3个完整的网站项目，分别贯穿于基础教学、拓展练习和综合实训中。在项目开发上采用最新的技术标准，基于最新开发工具，以一个网站项目为主线，围绕企业关键岗位设计了12个任务，按照“任务情景”→“任务分析”→“知识准备”→“任务实现”的梯次组织与安排教学内容，任务之间层层递进，环环相扣。在任务实现的同时兼顾知识的系统性和完整性，配以知识点的讲解，每个知识点都配以案例让学生理解掌握，实现“知识—能力”的双向循环，提高学生以知识解决问题的实践动手能力。

3. 行业特色鲜明，及时将行业新技术纳入教材内容

紧密的校企合作使编写团队对于行业新技术、新动态了解清晰，能及时将行业新技术纳入教材中。以工业和信息化部颁布的Web前端开发职业技能标准为导向，融合了Web页面制作基础、HTML5＋CSS3开发基础与应用、JavaScript程序设计等课程部分内容。

4. 适用于“1＋X”技能等级证书的培训

本教材编写内容覆盖“Web前端开发”技能等级证书中的“静态网站搭建”工作领域考试内容，与Web前端开发“1＋X”证书制度对人才培养要求相契合，可以作为该证书的培训教材使用。

5. 采用了“互联网＋”新形态，以现代信息技术为手段，配套丰富的教学资源

本教材采用了“互联网＋”新形态，以现代信息技术为手段，将教材与线上课堂、线下课堂内容一体化设计，配套丰富的教学资源，构成课程教学的整体。线上有课程标准、教学课件、教学设计、教学视频、教学项目、教学案例、考证习题库、工具库和12个其他页面案例及丰富的网页效果图等教学素材资源和课程互动交流平台，以本教材为基础的课程平台访问地址为：http://mooc1.chaoxing.com/course/94253660.html。

本教材由安徽电子信息职业技术学院计算机应用技术专业省级教学团队和蚌埠市奥祥网络科技有限公司项目团队共同策划编写。程淑玉、王韦伟任主编，负责对本教材的编写思路与大纲进行策划，程淑玉负责全书统稿和修订。项目一、项目三中的任务三、项目七中的任务二、综合实训由程淑玉编写，项目二、项目三中的任务一、任务二由赵露编写，项目四、项目五、项目九由叶良艳编写，项目六、项目七中的任务一由胡北辰编写，项目八由王韦伟编写。蚌埠市奥祥网络科技有限公司蒋文可高级工程师负责提供项目原型，蒋文可、程淑玉负责全书项目代码的编写、调试。

本教材是新形态教材，充分利用现代化的教学手段和教学资源辅助教学，图文声像等多媒体并用。本书重点开发了微课资源，以短小精悍的微视频透析教材中的重难点知识点，使学生充分利用现代二维码技术，随时、主动、反复学习相关内容。除了微课外，还配有传统配套资源，供学生使用，此类资源可登录职教数字化服务平台进行下载。

在编写本教材的过程中，编者参考、引用和改编了国内外出版物中的相关资料以及网络资源，在此表示深深的谢意！相关著作权人看到本教材后，请与出版社联系，出版社将按照相关法律的规定支付稿酬。

本教材可作为高等职业院校人工智能技术服务、计算机应用技术、计算机网络技术、软件技术、信息管理、电子商务技术等专业学生的网络课程教材，也可供从事计算机网Web前端开发工程技术人员使用。

由于编者的水平有限，书中难免还有疏漏之处，恳请读者批评指正，不吝赐教。

编 者
2019年9月

所有意见和建议请发往：dutpgz@163.com
欢迎访问职教数字化服务平台：http://sve.dutpbook.com
联系电话：0411-84706104　84706671

目　录

单元一　网站前端开发基础

项目一　网站开发入门 …… 3
任务一　学习网站开发基础 …… 4
任务二　了解前端开发技术 …… 8
任务三　在 HBuilder 中创建站点 …… 11
任务四　使用常用浏览器调试网页 …… 15

单元二　HTML 结构化语言

项目二　HTML 应用——“学校概况”结构页设计 …… 25
任务一　学习 HTML5 基础 …… 26
任务二　在网页中添加文本 …… 29
任务三　制作图文混排效果 …… 35
任务四　使用 HTML5 创建超链接 …… 39

单元三　CSS 表现技术

项目三　CSS 表现技术基础知识 …… 47
任务一　了解 CSS3 基本语法及应用 …… 48
任务二　使用 CSS3 选择器 …… 52
任务三　了解 CSS3 层叠性、继承性与优先级 …… 62
项目四　CSS3 应用——“学校概况”页面样式设计 …… 67
任务一　使用 CSS3 设计背景 …… 68
任务二　使用 CSS3 设计文字效果 …… 74
任务三　使用 CSS3 设置列表样式 …… 85
项目五　HTML5 布局——新城实验小学“首页”设计 …… 92
任务一　设计首页整体布局 …… 93
任务二　设计主体内容部分布局 …… 103
任务三　制作头部和版权部分页面 …… 112
任务四　制作主体内容部分页面 …… 128

项目六　HTML5 表格与表单——“用户注册”页面设计 …… 138
任务一　设计表格布局 …… 139
任务二　设计与美化表单 …… 145

单元四　JavaScript 交互技术

项目七　JavaScript 交互技术基础知识 …… 161
任务一　学习 JavaScript 基础 …… 162
任务二　利用 JavaScript 进行用户注册信息验证 …… 175
项目八　JavaScript 应用实例 1 …… 194
任　务　设计“校园风采”模块焦点图轮播特效 …… 195
项目九　JavaScript 应用实例 2 …… 208
任　务　设计“新闻动态/通知公告”Tab 面板 …… 209

单元五　综合实训——企业网站设计

实训一　策划网站 …… 223
实训二　设计网站首页 …… 224
实训三　设计新闻列表页 …… 248
实训四　设计新闻内容页 …… 255
参考文献 …… 258

单元一　网站前端开发基础

单元导读

在开发网站之前，我们应对网站开发有基本的了解，网站开发分为前端开发和后端开发。前端开发的代码运行在客户端浏览器上，涉及的技术有 HTML、CSS、JavaScript 等；后端开发的代码运行在服务器上，涉及的技术有 PHP、ASP. NET、JSP 等。本单元主要向大家介绍网站前端开发的基础知识。

项目一

网站开发入门

项目概述

在开发网站之前，我们需要对网站开发有全面的了解，通过对网站开发基础知识的了解而走进网站开发职业领域。本项目主要带领大家了解网站开发基础知识，Web标准的基本概念和网站开发所涉及的相关工具软件。

学习目标

1. 掌握网站开发的基础知识，走进网站开发职业领域。
2. 了解 Web 标准的基本概念，能理解 Web 标准的内涵。
3. 熟悉网站开发工具 HBuilder 软件，会使用该软件建立站点。
4. 熟悉网站前端开发所用的常用浏览器，会使用三大基本浏览器对网页进行测试及调试。

知识要求

知识要点	能力要求	关联知识
网站开发的基本概念	掌握	网页、网站、Internet、IP 地址、域名、WWW、HTTP、URL 等概念
网站的工作原理	了解	B/S 模式
网站开发流程	掌握	无
网站前端开发技术	了解	网站前端开发技术、浏览器之争、Web 标准的诞生
Web 标准的概述	掌握	Web 标准的定义、Web 标准的构成
初识 HBuilder	了解	无
创建站点	掌握	建立站点、新建文件夹、新建文件
使用常用浏览器调试网页	掌握	利用 Chrome、Firefox、IE 浏览器调试网页
HBuilder 调试	掌握	边改边看模式

任务一 学习网站开发基础

任务情境

小白想毕业后从事网站前端开发工作，但是他在这方面零基础，所以需要先了解网站开发的基础知识。

任务分析

打开任意浏览器，输入任意网址，从网页概念开始介绍网站开发基础知识。

任务实现

一、网站开发的基本概念

1. 网页、网站

网页是由 HTML（Hypertext Markup Language，超文本标记语言）或者其他语言编写的，经过浏览器编译解释后供用户获取信息的页面，又称为 Web 页。其中包含文字、图像、表格、动画和超级链接等各种网页元素。

网页分为静态网页和动态网页，静态网页内容是预先确定的，并存储在 Web 服务器或者本地计算机/服务器之上的页面，其后缀名一般为. html；动态网页是采用动态网站技术生成的页面，其后缀名根据采用的动态技术不同有. php、. aspx、. jsp 等。

网站就是一组相关网页的集合，是通过互联网向全世界发布信息的载体。打开网站时显示的第一个网页就是主页，又叫首页。主页文件名为 index 或 default，如 index. html、default. html、index. php 和 index. aspx 等，与主页相链接的其他各个页面就称之为子页。

2. Internet、IP 地址、域名

Internet 就是通常所说的互联网，是由一些使用公用语言互相通信的计算机连接而成的网络。简单地说，互联网就是将世界范围内不同国家、不同地区的众多计算机连接起来形成的。

互联网上连接了不计其数的计算机，每台计算机在互联网上都有一个唯一的地址进行识别，我们称这个地址为 IP 地址，如百度的 IP 地址是 202.108.22.5。

由于 IP 地址在使用过程中难以记忆和书写，因而产生了域名这种与 IP 地址对应的字符型地址。域名是由一串用点分隔的名字组成的互联网上某台计算机或计算机组的名称，是单位上网的标识，如百度的域名是 baidu. com。

3. WWW、URL、HTTP

WWW 是环球信息网的缩写，中文名字为“万维网”，常简称为 Web，但 WWW 不是网络，也不代表 Internet，它只是 Internct 提供的一种服务——网页浏览服务。它是互联网上的一个资料空间，在这个空间中，任何一个资源都由“统一资源标识符”标识，并利用超文本传输协议传送给使用者。

URL 中文译为“统一资源定位符”，其实就是 Web 地址，俗称“网址”。URL 可以是

"本地磁盘"，也可以是局域网上的某一台计算机，更多的是 Internet 上的站点，比如 http://www.baidu.com 就是百度的网址。

HTTP(Hypertext Transfer Protocol，超文本传输协议)是互联网上应用最为广泛的一种网络协议，所有的 WWW 文件都必须遵守这个标准，设计 HTTP 最初的目的是提供一种发布和接收 HTML 页面的方法。

4. C/S 模式、B/S 模式、网站架构

C/S 模式是客户机(Client)/服务器(Server)模式，B/S 是浏览器(Browser)/服务器(Server)模式。

C/S 之间通过任意的协议通信，一般要求有特定的客户端。比如 QQ 就是 C/S 模式，PC 桌面上的 QQ 就是腾讯公司的特定客户端，而服务器就是腾讯的服务器。再比如网络电视也是如此，PC 桌面上的 PPLive、Tvcoo 等，这些软件都是 C/S 模式的，要求用户有特定的客户端。

而 B/S 模式是靠应用层的 HTTP 协议进行通信的，一般不需要特定的客户端，而需要统一规范的客户端，即浏览器。Web 页是 B/S 模式的，也就是说人们通常说的网站就是 B/S 模式的。

对于访问量大的网站而言，单台服务器已经无法满足需求，对网站进行架构设计，将网站的各个部分拆分，分别部署到不同服务器上变得很有必要。大型网站采用七层逻辑架构，如图 1-1 所示，其中客户层支持 PC 浏览器和移动端，如手机 App，差别是手机 App 可以直接通过 IP 访问反向代理服务器；前端层使用 DNS 负载均衡、CDN 本地加速以及反向代理服务；应用层提供网站应用集群，按照业务进行垂直拆分，比如商品应用、会员中心等；服务层提供公用服务，如用户服务、订单服务、支付服务等；数据层支持关系型数据库集群(支持读写分离)、NoSQL 集群、分布式文件系统集群，以及分布式存储；大数据存储层支持应用层和服务层的日志数据收集、关系数据库和 NoSQL 数据库的结构化和半结构化数据收集；大数据处理层通过 MapReduce 进行离线数据分析或 Storm 实时数据分析，并将处理后的数据存入关系型数据库。

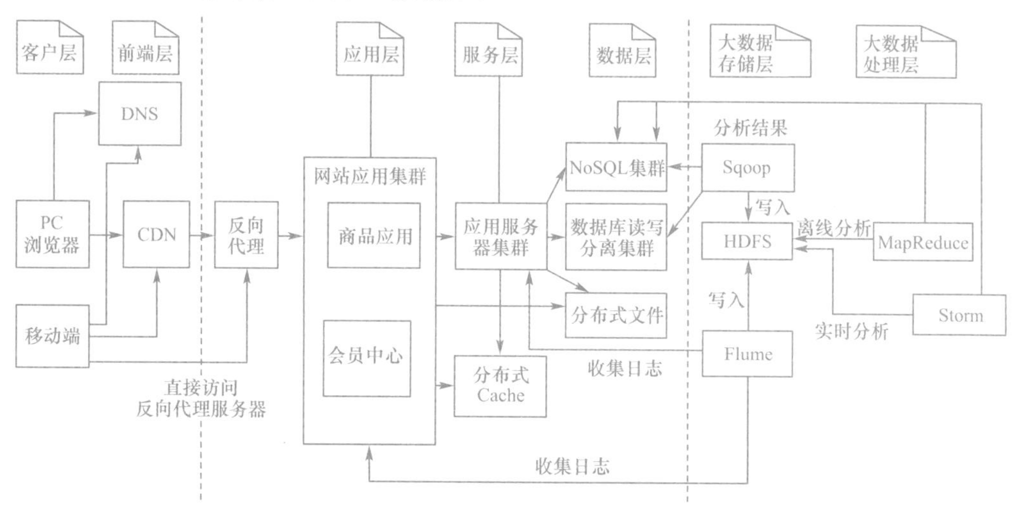

图 1-1　大型网站架构设计

5. 移动互联网、App

移动互联网(Mobile Internet,MI)是一种通过智能移动终端,采用移动无线通信方式获取业务和服务的新兴业务,包含终端、软件和应用三个层面。终端层包括智能手机、平板电脑、电子书、MID 等;软件包括操作系统、中间件、数据库和安全软件等;应用层包括休闲娱乐类、工具媒体类、商务财经类等不同应用与服务。

App(Application,应用程序),主要指安装在智能手机上的应用软件,能够完善原始系统的不足,并定制个性化系统,使手机功能更完善,为用户提供更丰富的使用体验。根据手机系统的不同可以将 App 分为 Android(安卓)版和 iOS 版,用户在应用商店选择对应版本的 App 下载并安装即可。

二、网站的工作原理

网站的工作原理指 Web 服务器与客户端浏览器交互的基本原理,也就是将 Web 服务器上的网页代码提取出来,进行编译、解释,最终呈现给客户精美页面的过程,如图 1-2 所示。

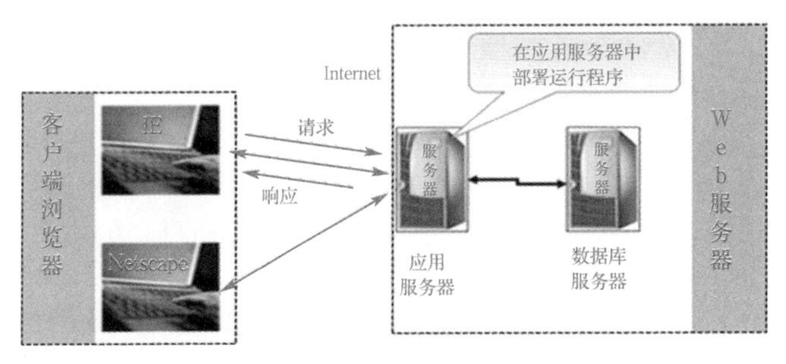

图 1-2　网站的工作原理

现在我们以访问百度网站首页为例来讲解网站的工作原理:

第一步:在浏览器的地址栏里输入"http://www. baidu. com/index. php",按 Enter 键。

浏览器根据输入的内容判断:这是一个 HTTP 请求,服务器地址是 www. baidu. com,要访问的文件是其根目录下的 index. php 页面。

第二步:Web 服务器接收该请求,在服务器上找到 index. php 页面,并将其传递给应用服务器。

第三步:应用服务器将该页面中的代码提取出来,并进行编译完成该页面。假设 index. php 代码如下:

```
1  <! DOCTYPE html>
2  <html>
3      <head>
4          <meta charset="utf-8"/>
5          <title>baidu</title>
6      </head>
7      <body>
```

```
8        <? php
9            echo("Hello world!");
10       ? >
11   </body>
12 </html>
```

说明：以上代码非百度首页代码，只通过示例说明其过程。

第四步：应用服务器将完成页传递回 Web 服务器，此时 index.php 页面的代码如下：

```
1  <! DOCTYPE html>
2  <html>
3      <head>
4          <meta charset="utf-8"/>
5          <title>baidu</title>
6      </head>
7      <body>
8          Hello world!
9      </body>
10 </html>
```

第五步：Web 服务器响应浏览器的请求，将完成页发送到请求浏览器，就是用户看到的页面。

这个过程包括三个问题：

1. 网站的数据如何变成页面数据——网站程序解决。

2. 如何根据用户请求将指定的数据体送达客户端——Internet 解决。

3. 客户端如何将页面数据显示为页面(图形界面上的文本、图像、图形的集合)——浏览器解决。

三、网站开发流程

网站开发流程分为五个阶段，如图 1-3 所示。

图 1-3 网站开发流程

1. 需求分析

根据客户的网站建设需求明确网站整体架构，主题风格、主色调、栏目、功能、内容以及网站基础信息(如网站域名、空间、企业简介等网站所需相关资料)，撰写网站建设方案书。

2. 设计草图

规划网站的内容板块，设计草图。

3. 美工设计

根据草图，由设计师设计网站首页及子页效果图，并对效果图进行切片。

4. 程序开发

程序开发分前端开发和后端开发，两者可以同时进行。前端开发：根据美工效果负责制作静态页面。后端开发：根据网站整体架构，选择合适的框架技术，设计页面结构，设计数据库，并开发网站后台。

5. 测试及上线

在本地搭建服务器，测试网站。若无问题，可以将网站打包，使用 FTP 上传至网站空间或者服务器。

任务二 了解前端开发技术

任务情境

分别用 IE、火狐和谷歌浏览器打开一个传统布局的网站(如“蓝色理想”网站)和 Web 标准布局的网站(如 68 Design 网站)，观察这两个网站页面在不同浏览器下的显示效果。

任务分析

查看这两个网站主页的源代码，并进行简单的分析，比较这两个网站的不同点。传统布局的网站采用的是表格<table>布局，Web 标准布局的网站采用的是<div>布局，而且所有的 CSS 样式及 JavaScript 代码都在外部文件中。

任务实现

一、Web 标准起源

前端开发是创建 Web 页面或 App 等前端界面以呈现给用户的过程，其主要功能是实现互联网产品的用户界面交互。前端技术是指从浏览器到用户端计算机的统称，包括 HTML、CSS 及 JavaScript 以及衍生出来的各种技术、框架。

前端开发是 Web 2.0 时代的产物，Web 这个在互联网上最热门的应用架构是由 Tim Berners-Lee 发明的。1990 年 11 月，第一个 Web 服务器 nxoc01. cern. ch 开始运行，Tim Berners-Lee 在自己编写的图形化 Web 浏览器“World Wide Web”上看到了最早的 Web 页面。1991 年，CERN(European Particle Physics Laboratory，欧洲粒子物理实验室)正式发布了 Web 技术标准。目前，与 Web 相关的各种技术标准都由 W3C 组织(万维网联盟)管理和维护。

1. 浏览器之争

1994 年 12 月，网景(Netscape)通信公司开发出 Netscape Navigator 浏览器，并发布了该浏览器的 1.0 版本。

随后在 1995 年 8 月，微软发布了 Internet Explorer 浏览器的 1.0 版本。

此后网景和微软都不断推出各自浏览器的升级版本，都想在浏览器支持的功能方面赢得竞争优势，以吸引 Web 开发人员。但是这些浏览器完全不兼容，Web 开发人员要想让自己的网站在两个不同版本的浏览器中同时使用，就要针对不同版本的浏览器开发不同的网站，这样大大提高了开发成本；有些开发者干脆只让网站支持一个浏览器，使用其他浏览器的用户无法正常访问该网站。这被称为“浏览器之争”。

2. Web 标准的诞生

为了改变以上问题及结束混乱局面，W3C 组织开始起草和发布一系列标准，包括 HTML 4.01、CSS 1.0 等，并开始说服网景、微软和其他浏览器生产商彻底支持该标准。

在传统网站的时代，Web 非常混乱，浏览器只能支持非常简单的 CSS 1.0。为了解决浏览器兼容问题，Web 开发人员采用表格<table>和透明的 GIF 布局网页。

2000 年，微软发布了 Internet Explorer 5 浏览器的苹果机版本，并在一定程度上支持了 W3C 标准，Internet Explorer 浏览器成为 Mac OS 操作系统下的默认浏览器。这一事件，以及 Opera 浏览器当时已可以很好地支持 CSS 和 HTML 这一事实，推动了 Web 标准的使用。

2003 年，Dave Shea 推出了一个被称作“CSS Zen Garden”(CSS 禅意花园)的站点，这个站点用实际例子证明仅通过改变页面的样式，就可以实现整个设计的改变，这对 Web 开发人员产生了巨大的影响，Web 开发人员和设计师第一次感到使用 Web 标准设计站点是一项轻松的工作。从那时起，在专业 Web 开发领域，Web 标准就成为必须遵守的标准。通过共同的标准协同工作，是 Web 向前发展的必需条件。

二、Web 标准概述

1. Web 标准的定义

Web 标准是由 W3C 和其他标准化组织制定的一套规范集合，包含一系列标准。Web 标准最重要的目的是实现结构(Structure)、表现(Presentation)和行为(Behavior)的分离。

2. Web 标准的构成

网页主要由三部分组成：表现、结构和行为。对应的标准也分三方面：结构化标准，主要包括 XHTML 和 XML；表现标准，主要包括 CSS；行为标准，主要包括对象模型(如 W3C DOM)、ECMAScript 等。

• 结构

(1)HTML 5.0：HTML 广泛应用于现在的网页，HTML 的目的是为文档增加结构信息，例如表示标题、段落。浏览器可以解析这些文档的结构，并用相应的表现形式表现出来。设计师也可以通过 CSS(Cascading Style Sheets，层叠样式表)来定义某种结构以什么形式表现出来。

(2) XML 1.0：XML(Extensible Markup Language，可扩展标识语言)类似于 HTML，它也是标识语言，不同的是，HTML 有固定的标签，而 XML 允许用户自己定义标签，甚至允许用户通过 XML namespaces 为一个文档定义多套设定。

(3)XHTML 1.0：XHTML 实际上就是将 HTML 根据 XML 规范重新定义一遍。它的标签与 HTML 4.0 一致，而格式严格遵循 XML 规范。因此，虽然 XHTML 与 HTML

在浏览器中的显示一样,但如果要将网页转换成 PDF,XHTML 会容易得多。

- 表现

CSS 3.0:通过 CSS 可以控制 HTML 或者 XML 标签的表现形式。W3C 推荐使用 CSS 布局方法,使得 Web 更加简单,结构更加清晰。

- 行为

(1)DOM 1.0

DOM(Document Object Model,文档对象模型)给了脚本语言(类似 ECMAScript)无限发挥的能力。它使脚本语言很容易访问到整个文档的结构、内容和表现。

(2)ECMAScript 脚本语言

它是由 CMA 制定的一种标准脚本语言(JavaScript),用于实现具体界面上对象的交互操作。

三、Web 标准的好处

表现与内容分离技术是目前 Web 标准制定的核心。内容是指具体的信息,仅仅表示信息正文,正文通过 XHTML 结构化语言被标记为各个独立部分,如左分栏、右分栏、新闻列表等;表现是指信息的展示形式,如对字号、字体、版面的设计。

(1)高效开发与简单维护

高效开发是指通过内容与表现的分离技术,可以使具体内容与样式设计分离开来,使得同一个设计可以重复使用,维护也变得更加简单。

(2)信息跨平台的可用性

符合 Web 标准的页面也很容易被转换成其他格式文档,例如数据库或者 Word 格式,也容易被移植到新的系统——硬件或者软件系统,比如网络电视、PDA 等。这是 XML 天生具有的优势。

符合 Web 标准的页面也具有天生的“可用性”,不仅普通浏览器可以阅读,盲人浏览器、声音阅读器也可以正常使用。

(3)降低服务成本

通过对样式文件的重用,整个网站的文件量可以成倍减小,使得降低服务器带宽成本成为可能。

(4)便于改版

对于经常改版的网站来说,内容与设计的分离,使得改版的成本大幅度降低,每次改版只需改动样式文件即可,无须改变信息内容。

(5)加快网页解析速度

文件下载速度更快,浏览器显示页面速度也更快。

(6)与未来兼容

使用 Web 标准建立的页面,能在未来的新浏览器或者新网络设备中很好地工作。只要修改 CSS 或者 XSL,定制相应的表现形式就可以了。

(7)更好的用户体验

Web 标准帮助人们获得更好的用户体验。

任务三 在 HBuilder 中创建站点

任务情境

正式准备开发网站了，用什么软件来开发呢？开发的第一步要干什么？
怎么判断设计的网站是否符合标准？

任务分析

网站开发可以用到的工具软件很多，针对不同的需求开发者可以选择不同的工具，网页美工、网页制作人员可以选择用 Dreamweaver 软件，前端开发人员可以选择用 HBuilder、Nodepad++、Sublime 等工具软件，本教材选择的是 HBuilder 软件。

在 HBuilder 中创建站点

任务实现

一、初识 HBuilder

HBuilder 是 DCloud（数字天堂）推出的一款支持 HTML5 的 Web 开发工具，主要用于开发 HTML、JavaScript、CSS，同时配合 HTML 的后端语言如 PHP、JSP 等。HBuilder 内嵌了 Emmet 插件，能够快速生成代码块，同时兼容 jQuery、Bootstrap、Angular、Vue 等常用前端框架，具有轻巧、极速、清爽护眼、强大的语法提示、高效、markdown 优先等特点，支持手机 App 开发。快，是 HBuilder 的最大优势，通过完整的语法提示和代码输入法、代码块等，能够大幅提升 HTML、JavaScript、CSS 的开发效率。

1. 启动 HBuilder

双击 HBuilder 快捷方式，启动 HBuilder，在弹出的对话框中，单击“暂不登录”按钮，进入主界面。随后在弹出的对话框中，如图 1-4 所示，选择一种灰度色阶，单击“生成合适你的视觉方案”按钮，进入如图 1-5 所示对话框，在“温暖”“标准”“淡雅”“夜间模式”中选择一种自己喜欢的界面颜色效果，调整“亮度”，在“字体”文本框后，单击“更改”，设置字体为“12pt”，单击“确认并关闭”按钮。也可以先单击“高级设置”按钮对 HBuilder 主题进行代码设计，然后再单击“确认并关闭”按钮。如果不想设置“视觉配置方案”，则进入主界面时直接单击“关闭”按钮。

2. HBuilder 的工作界面

进入主界面后，呈现的是 HBuilder 的工作界面，主要包括菜单栏、工具栏、文档窗口、“项目管理器”窗口等，如图 1-6 所示。

说明：HBuilder“项目管理器”窗口中默认存在一个名为“HelloHBuilder”的站点，里面包含了 index. html、lesson1. txt、lesson2. txt、test. css、test. js 文件和 img 文件夹，可以在 index. html 文件中按照 lesson1. txt 的指导操作，熟悉 HBuilder 的快捷键，完成页面代码的编写。

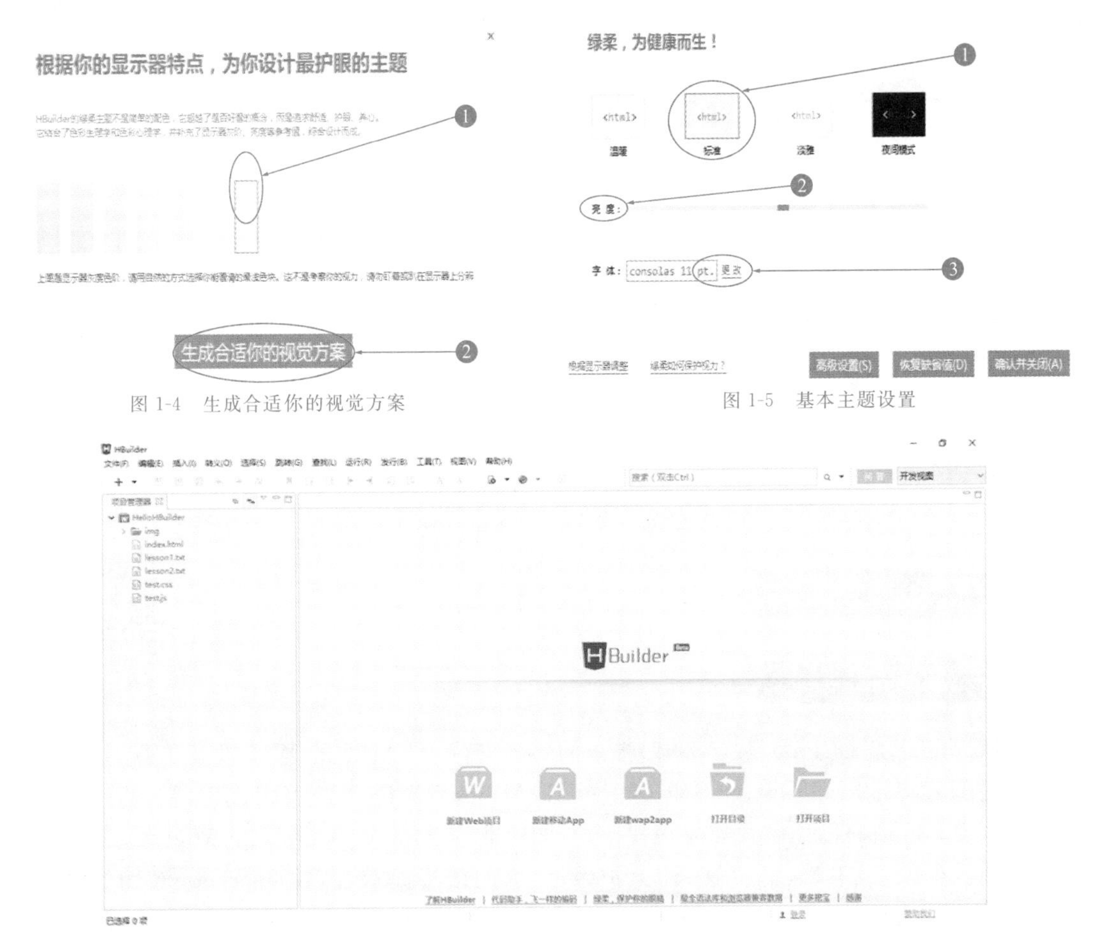

图 1-4　生成合适你的视觉方案

图 1-5　基本主题设置

图 1-6　HBuilder 的工作界面

二、创建站点

1. 站点规划

站点规划主要是指规划站点结构，即利用不同的文件夹将不同的网页内容分门别类地保存，从而提高工作效率，加快对站点的设计。一般而言，一个站点应包含如下文件夹。

- html：存放网站中的子网页。如果网站的结构比较复杂，网页数量较多，就存放在以其专题类型命名的文件夹中。
- images：存放网站中的图像，由于网站中通常有大量的图像，可以在该文件夹下再建子文件夹。
- template：存放网页模板。
- css：存放网页中的 CSS 样式文件。
- js：存放网页中的 JavaScript 脚本文件。
- media：存放网页中的 Flash、音频和视频文件。

根据需求分析将“新城实验小学”网站内容进行规划，规划图如图 1-7 所示。

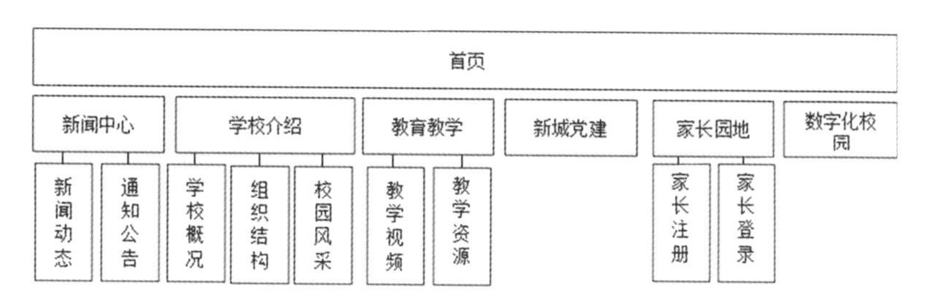

图 1-7 “新城实验小学”网站内容规划图

2. 新建站点

站点的主题与名称应易于记忆，上传到网上的站点名称必须是英文，如本书所建的项目是“新城实验小学”，所以将项目命名为 school。

新建站点步骤如下：

(1)打开 HBuilder，在菜单栏上依次选择“文件”→“新建”→“Web 项目”命令，或者在工具栏上依次选择“ + ▾”→“Web 项目”命令，弹出如图 1-8 所示“创建 Web 项目”对话框。

(2)在“项目名称”中输入站点名称“school”，在“位置”中单击“浏览”按钮，在弹出的“浏览文件夹”中选择“E:/xcschool”，单击“确定”按钮。

(3)单击“完成”按钮。

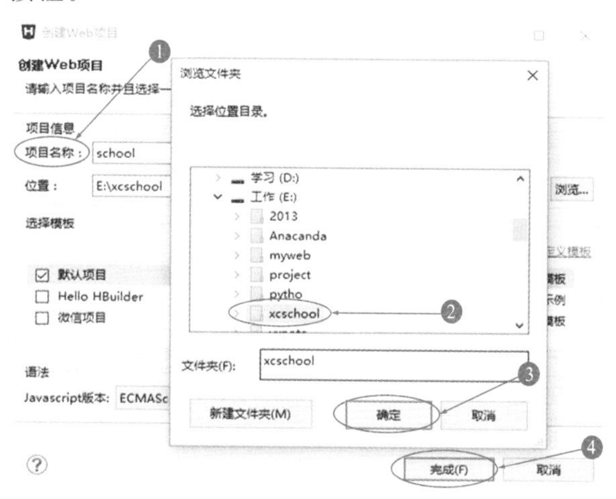

图 1-8 “创建 Web 项目”对话框

此时在 HBuilder 工作界面的“项目管理器”窗口中就能看到新建的项目 school，如图 1-9 所示，该项目在新建的过程中会自动生成 css、img、js 三个文件夹和 index. html 页面。

3. 新建文件夹

在项目文件夹下新建文件夹的步骤如下：

(1)在项目文件夹 school 上右击，在弹出的快捷菜单中依次选择“新建”→“目录”命令，如图 1-10 所示。

(2)在弹出的“新建文件夹”窗口中的“文件夹名”中输入“media”，如图 1-11 所示。

(3)单击“完成”按钮，在 school 文件夹下即出现了 media 文件夹。

重复上面操作新建 html 文件夹。

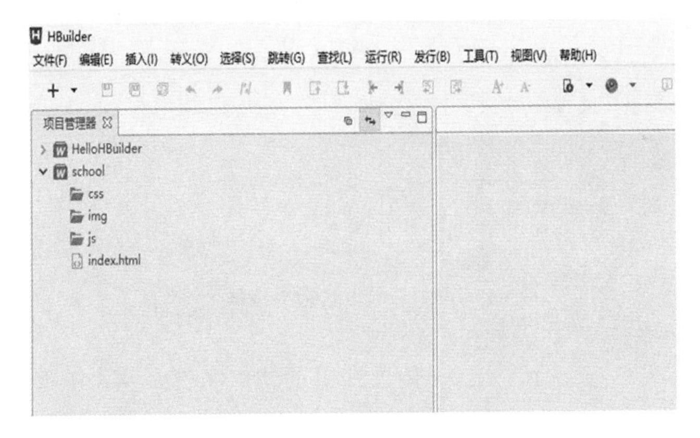

图 1-9　新建的 school 项目

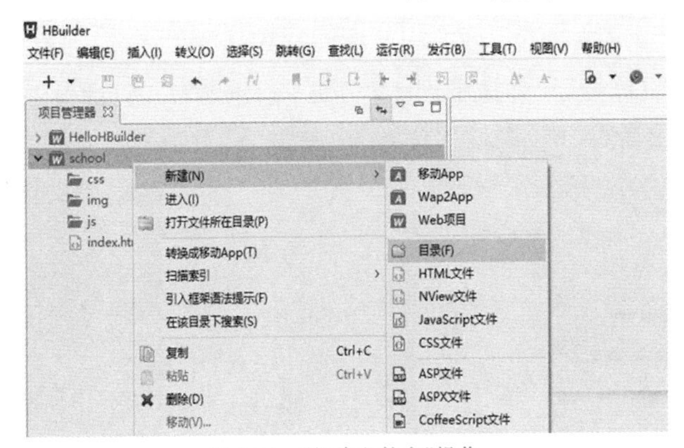

图 1-10　“新建文件夹”操作

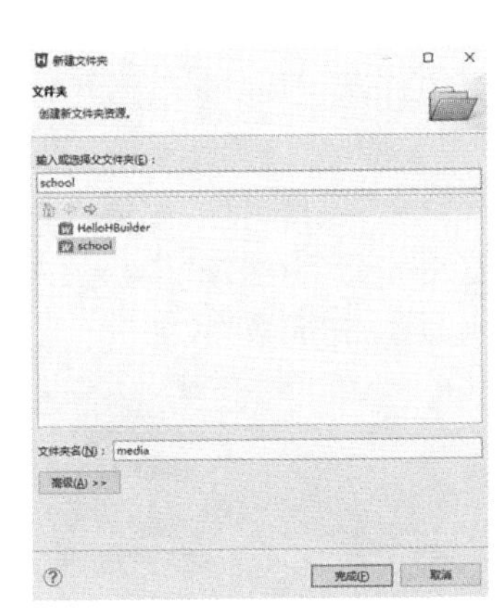

图 1-11　“新建文件夹”窗口

4. 新建文件

在项目文件夹下新建文件的步骤如下：

(1)在 html 文件夹上右击，在弹出的快捷菜单中依次选择“新建”→“HTML 文件”。

(2)在弹出的“创建 HTML 文件向导”窗口中的“文件名”中输入“intro. html”，在“选择模板”选项中勾选“html5”，如图 1-12 所示。

(3)单击“完成”按钮。

说明：如果需要新建 JavaScript、CSS 文件，在步骤(1)中依次选择“新建”→“JavaScript 文件”或者选择“新建”→“CSS 文件”。

重复上面步骤新建 register. html(家长注册页)、form. css(表单样式表)、index. css(主页样式表)、index. js(主页特效)四个文件，最终的“新城实验小学”项目站点结构如图 1-13 所示。

如果要对所建的文件或者文件夹进行编辑，可以在需要编辑的文件或者文件夹上右击，在弹出的快捷菜单中选择“进入”“复制”“删除”“重命名”“移动”“打开文件所在目录”等操作，如将图 1-13 的 img 文件夹重命名为 images。

5. 导入站点

对于已经存在的站点，我们可以将站点导入 HBuilder 中进行开发，步骤如下：

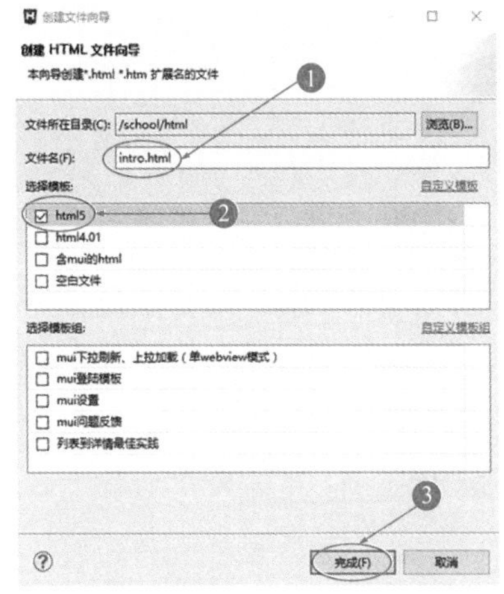
图 1-12 “创建 HTML 文件向导”窗口

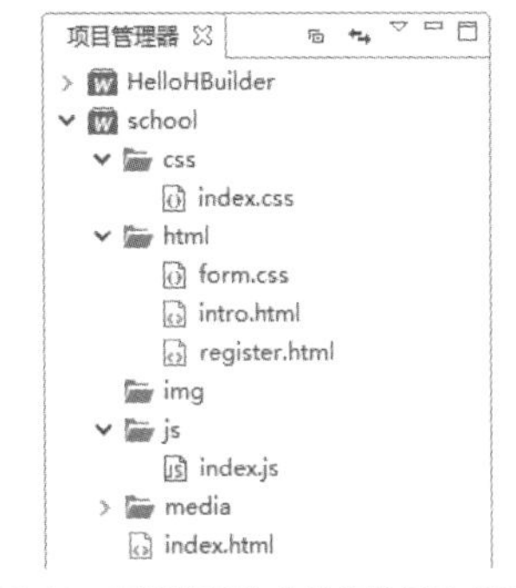
图 1-13 “新城实验小学”项目站点结构

(1)依次选择“文件”→“导入”命令。

(2)在弹出的“导入”窗口中,依次选择“常规”→“现有的文件夹作为新项目”,如图 1-14 所示。

(3)单击“下一步”按钮,弹出“打开目录”窗口,单击“浏览”按钮,选择一个目录作为新的项目打开,如图 1-15 所示,单击“确定”按钮。

(4)单击“完成”按钮,可以看到站点已被成功导入“项目管理器”窗口中。

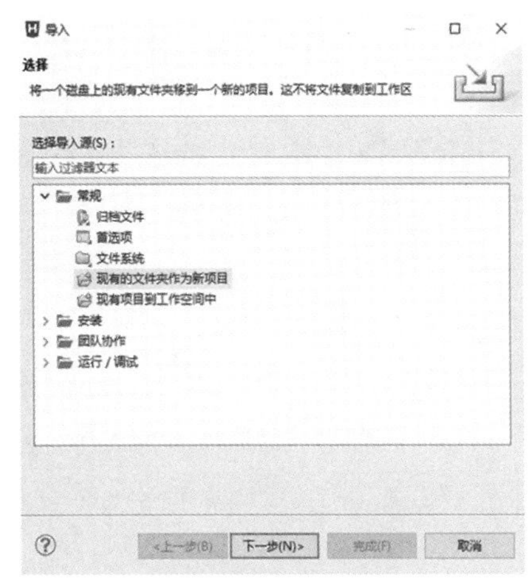
图 1-14 “导入”窗口

图 1-15 “打开目录”操作

任务四 使用常用浏览器调试网页

任务情境

符合 Web 标准的网页具有兼容性,在各浏览器下浏览具有同样的显示效果,这就要求开发者必须在各浏览器上去调试网页。

任务分析

简单编写代码，设计页面，并在三大主要浏览器——IE（版本 8.0 以上）、火狐（Firefox）、谷歌（Chrome）上预览调试网页。

任务实现

一、在 Web 页中编写调试代码

在 school 站点下新建 test. html，打开 test. html 文件，在<body>标签中输入如下代码。

```
1  <body>
2  <p onclick="shucu()">我爱前端学习网</p>
3  <script type="text/javascript">
4  function shucu()
5  {
6      alert("欢迎来到前端学习网!");             //弹出一个对话框
7      console.log("欢迎来到前端学习网!");       //在控制台输出内容
8  }
9  </script>
10 </body>
```

说明：可以单击 Hbuilder 工具栏中的"A+"将代码字体放大，单击"A-"将代码字体缩小；选择代码块，按 Tab 键实现向右缩进，按"Shift＋Tab"键实现向左缩进；按"Ctrl＋/"键实现对代码的注释。

二、使用常用浏览器调试网页

1. 利用 Chrome 浏览器调试网页

（1）在 HBuilder 菜单栏中选择"运行"→"浏览器运行"→" ▾"按钮，启动 Chrome 浏览器预览该网页，如果 Chrome 为默认浏览器，可以在 HBuilder 工具栏中单击" ▾"按钮或者按"Ctrl＋R"快捷键预览该网页。

（2）在网页上按 F12 键或者"Ctrl＋Shift＋J"快捷键打开 Chrome 浏览器的开发者工具进行调试，如图 1-16 所示。

说明：本教材中所用 Chrome 浏览器版本为 68.0(64 位)。

（3）单击网页上的文字"我爱前端学习网"，在网页上弹出"欢迎来到前端学习网!"对话框，单击"确定"按钮，在 Console 面板上会输出文字"欢迎来到前端学习网!"，如图 1-17 所示。

下面主要介绍一下开发者工具的几个常用功能：

箭头按钮 ：用于在页面中选择一个元素来审查和查看它的相关信息。

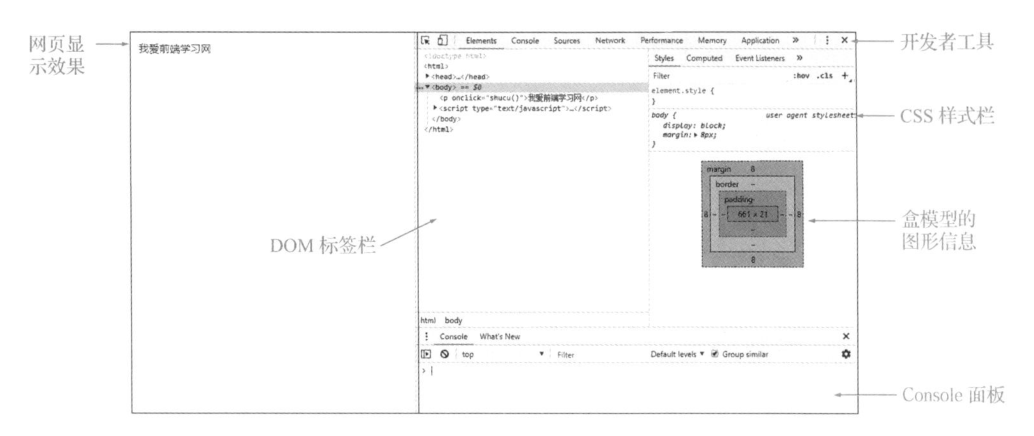

图 1-16　启动 Chrome 浏览器开发者工具的 index.html 页面效果

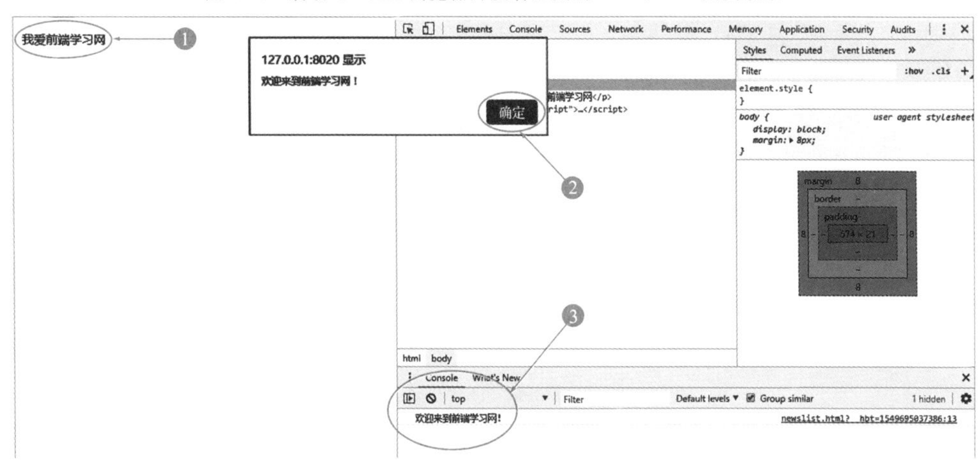

图 1-17　index.html 文件运行效果(Chrome)

设备图标：单击它可以切换到不同的终端进入开发模式。它是移动端和 PC 端的一个切换入口，通过它可以选择不同的移动终端设备，还可以选择不同的尺寸比例，模拟手机进行访问。

Elements：用来查看、修改页面上的元素和查看相关盒模型的图形信息，双击 DOM 标签栏内标签可以修改页面上的元素，单击 CSS 样式栏可以修改元素的样式。

Console：记录开发者开发过程中的日志信息，且可以作为与 JavaScript 进行交互的命令行 Shell。

Sources：可以用来查看页面的源文件，包括 JS 文件和 HTML 文件。找到想要调试的 JS 代码，在代码前单击，即可设置断点。当运行 JS 代码时，会自动进入断点执行。

Network：可以看到所有的资源请求，包括网络请求，图像资源，HTML、CSS、JS 文件等请求，可以根据需求筛选请求项，一般多用于网络请求的查看和分析，分析后端接口是否正确传输，获取的数据是否准确，请求头、请求参数的查看。

Performance：记录当前页面在浏览器运行时的性能表现。

Memory：记录当前页面性能的内存问题，包括内存泄漏、内存膨胀和频繁的垃圾回收。

Application:记录网站加载的所有资源信息,包括存储数据(Local Storage、Session Storage、IndexedDB、Web SQL、Cookies)、缓存数据、字体、图像、脚本、样式表等。

Security:判断当前网页是否安全。

Audits:对当前网页进行网络利用情况、网页性能方面的诊断,并给出一些优化建议。

2. 利用 Firefox 浏览器调试网页

(1)在 HBuilder 菜单栏中依次选择"运行"→"浏览器运行"→" "按钮,启动 Firefox 浏览器预览该网页。

(2)在网页上按 F12 键启动 Firefox 调试工具,重复上面的步骤(3),效果如图 1-18 所示,Firefox 下的调试与 Chrome 类似。

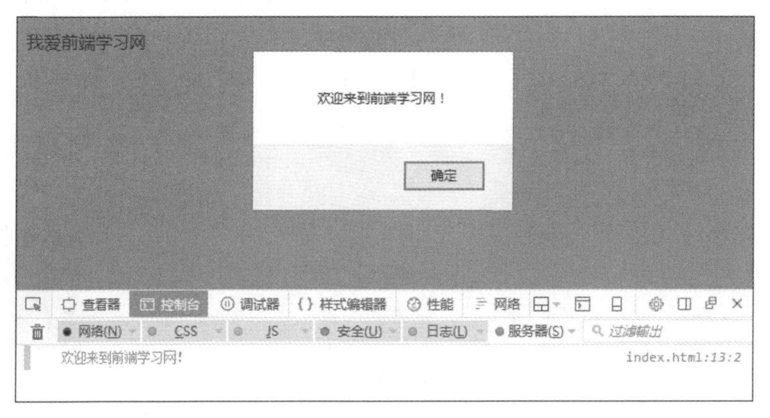

图 1-18 index. html 文件运行效果(Firefox)

3. 利用 IE 浏览器调试网页

(1)在 HBuilder 菜单栏中依次选择"运行"→"浏览器运行"→" "按钮,启动 IE 11 浏览器预览该网页。

(2)在网页上按 F12 键启动 IE 调试工具,重复 Chrome 浏览器调试网页的步骤(3),效果如图 1-19 所示。

图 1-19 index. html 文件运行效果(IE)

(3)回到调试窗口,单击 仿真 面板,该面板功能就是仿真网页文档在 IE 各版本浏览器下的显示效果模式,包括:模拟浏览器模式、模拟显示和模拟地理位置三部分内容。

模拟浏览器模式可以模拟包括文档模式、浏览器配置文件和用户代理字符串,用户代理字符串也就是俗称的 UA。文档模式会告诉 IE 的页面排版引擎(Trident)以哪个版本的方式来解析并渲染网页代码。如果我们想要看到某个网页在各个 IE 版本下的页面效果,就可以切换到 IE 11 的文档模式来查看,如图 1-20 所示。

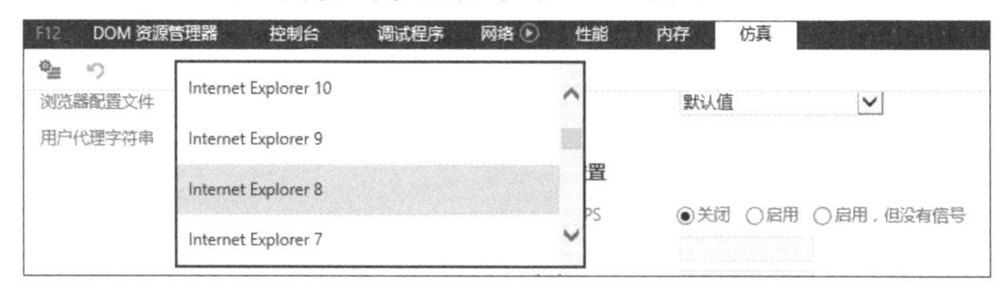

图 1-20 仿真面板

模拟显示可以模拟网页在不同屏幕分辨率、屏幕横向或者纵向的显示效果。

模拟地理位置可以模拟 GPS,显示经、纬度。

4. 在 HBuilder 中调试网页

HBuilder 中存在"开发视图""边改边看模式""WebView 调试模式""团队同步视图"四种模式。打开 HBuilder 默认都是在"开发视图"下进行网站开发,我们可以选择"边改边看模式"调试网页,步骤如下:

(1)在 HBuilder 右上角切换开发模式,选择"开发视图"→"边改边看模式"或者按"Ctrl+P"快捷键切换模式。如图 1-21 所示,进入边改边看模式后,左边显示"代码",右边显示"浏览器",下面显示"控制台"。

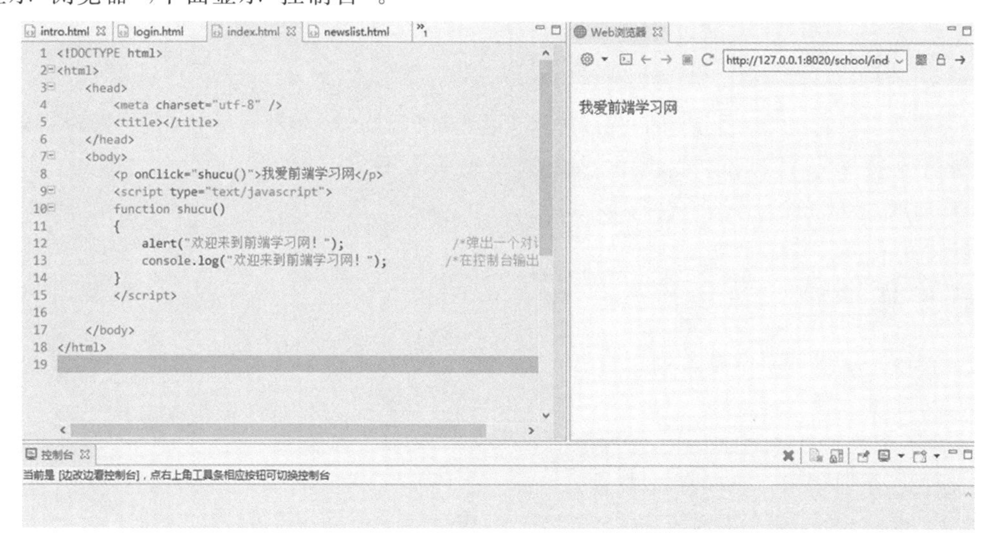

图 1-21 "边改边看模式"窗口

(2)单击网页上的文字"我爱前端学习网",在网页上弹出"欢迎来到前端学习网!"对话框,单击"OK"按钮,在"控制台"面板上会输出文字:"欢迎来到前端学习网!",如图 1-22 所示。

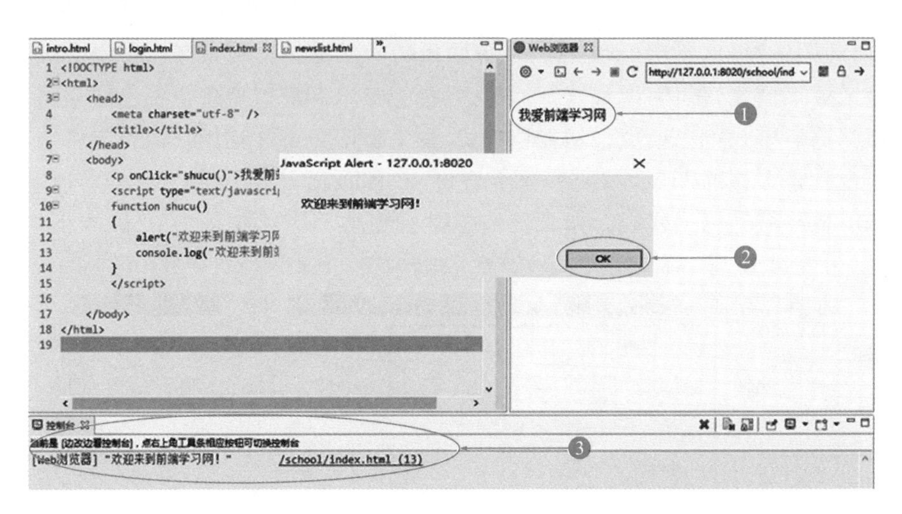

图 1-22 “边改边看模式”下运行 index. html 页面效果

经验指导

1. 站点及文件的命名

站点的名称、网页及图像的命名要见名知意，尽量使用英文，不要使用中文或其他双字符符号，文件名中不能使用空格和特殊符号。

2. 网页调试

对于网页的调试，要做到边写边调试，在调试时可以通过注释代码、添加代码进行调试。

项目总结

通过本项目的学习，学生能熟知网站基础知识，对网站开发有所认知，了解流行的前端开发技术及其标准，会使用 HBuilder 工具软件创建站点，并使用常见的 IE、Firefox、Chrome 浏览器调试网页。

拓展训练

训练 1：创建“海南旅游网”站点

任务要求：

设计“海南旅游网”的站点结构，包括 5 个文件夹和 4 个文件。5 个文件夹分别为 images（存放图像）、css（存放样式表文件）、js（存放 JavaScript 脚本文件）、media（存放多媒体文件）和 html（存放子页面）；4 个文件分别为主页文件（index. html）、新闻页文件（news. html）、海南介绍页文件（intro. html）、样式表文件（style. css），站点结构如图 1-23 所示。

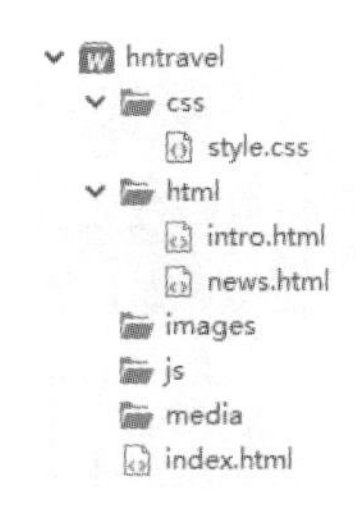

图 1-23 站点结构

训练 2：编辑并调试主页

任务要求：

(1)在站点下新建 test.html 文件，在<body>中输入如下代码：

```
1  <p onClick="welcome()">欢迎来到海南旅游网</p>
2  <script type="text/ javascript">
3  function welcome ()
4  {
5      alert("欢迎来到海南旅游网!");
6  }
7  </script>
```

(2)分别用 IE、Firefox、Chrome 浏览器预览该网页，观察运行效果。

(3)"边改边看模式"下在"代码"窗口中输入如下代码"<p>海南旅游，请联系海南国际旅行社</p>"，保存网页，观察浏览器窗口网页效果。

单元二　HTML 结构化语言

单元导读

HTML 是超文本标记语言，通过使用标签对网页进行设计。那什么是标签，HTML 标签有哪些，如何使用这些标签来制作网页结构呢？本单元将通过设计新城实验小学“学校概况”页面，对 HTML 的基本结构和语法、HTML 文本排版标签以及 HTML 图像标签、超链接标签等进行详细讲解。

项目二

HTML 应用——“学校概况”结构页设计

项目概述

“学校概况”页面主要介绍学校的基本情况，包括学校历史、荣誉等。在设计该页面结构时，通过对文本和图像进行合理的排版，使页面结构更加清晰美观。本项目将详细介绍运用 HTML5 的相关标签设计该页面结构，效果如图 2-1 所示。

学校概况

新城实验小学创建于2004年,学校占地10465平方米，房屋建筑面积8250平方米，建有连廊相连的两幢单体教学楼，设有图书馆、科学室、舞蹈房、心理咨询室、阳光电视台、陶艺室、乒乓球馆、计算机室、教师休闲阅览室等多个功能室，网络覆盖100%，校园基本实现数字化。是一座高起点、高规格的国有公办实验学校。学校领导班子经验丰富、锐意改革、务实高效；教师队伍中既有全市各学科的优秀人才，又有近年崭露头角的教坛新秀。

学校秉承“以人为本，将校园建成师生幸福的精神家园” 的办学理念，提出“学校属于孩子，每个孩子都重要”的核心价值观，形成了 “诲人不倦、精益求精”的教风和“勤学、巧学、乐学”的学风，学校目前的在校生数为2000人，教师150人。

一、“启迪心灵，明亮人生”特色内涵

学校的办学理念是 “以人为本，将校园建成师生幸福的精神家园” 。在特色学校的创建上，我们建设了特色"启迪心灵"校本课程，包括：

1. 经典诵读课程。
2. 音乐合唱校本课程。
3. 美术工艺校本课程。

二、科学办校，硕果累累

办学几年来，学校实行严格规范的封闭式管理，治学严谨，管理科学，在办学历程中取得了丰硕的成果：

- 省红领巾示范学校
- 省十佳青少年思想道德实践基地
- 全国语言文字工作示范学校
- 市德育工作示范单位

学校建有家长教师联合会，你我携手共同托起明天的太阳——**轻负担，让我们拥有 快乐童年；高质量，让我们憧憬幸福人生！**新城实验小学将继续深入实施素质教育，坚持科学发展观，以创办人民满意的教育为目标，构建和谐的教育氛围。

版权所有 CopyRight©2005-2014 新城实验小学
联系电话：0552-3170000　　邮箱:123456@qq.com

图 2-1　“学校概况”结构页效果

学习目标

1. 掌握 HTML5 文档的基本格式，会熟练编写规范的 HTML5 网页文档结构。
2. 掌握 HTML5 语义标签，会使用相关标签进行网页布局设计。
3. 掌握标题、段落、文本及列表标签，会使用相关标签设计网页基本元素。
4. 掌握图像标签，会使用图像和文本标签设计图文混排效果。
5. 掌握超链接标签，会使用该标签设计超链接效果。

知识要求

知识要点	能力要求	关联知识
HTML5 基本语法	掌握	HTML 标签、HTML 基本语法格式
HTML5 文档主体结构	掌握	<! DOCTYPE>、<html>、<head>、<body>标签
HTML5 文本标签	掌握	<h*n*>、<p>、 、<ul>、<ol>、<li>标签，文本格式标签，特殊符号及注释标签
HTML5 图像、水平线、超链接标签	掌握	<img/>、<hr/>、<a>

任务一 学习 HTML5 基础

任务情境

打开“学校概况”网页文档，查看源代码，了解 HTML5 文档的基本结构和语法。

任务分析

HTML5 文档的基本结构包括头部和主体两大部分。头部可以设置网页标题、网页的编码格式以及与 SEO 优化相关的信息；主体可以设置网页上显示的页面内容。

知识准备

用 HTML5 描述网页，必须遵从一定的规范。使用 HBuilder 新建一个 HTML 文档，命名为 page_1.html，在代码视图中可以看到新建的文档会自带一些源代码，如下所示。

```
1  <! DOCTYPE html>
2  <html>
3      <head>
4          <meta charset="UTF-8"/>
5          <title>无标题文档</title>
6      </head>
7  <body>
8  </body>
9  </html>
```

这些源代码是 HTML5 文档的基本格式，具体介绍如下：

一、HTML5 基本语法

1. HTML 标签

在 HTML 文档中，带有“<>”符号的元素被称为 HTML 标签。可以看出，标签是 HTML 中最基本的单元，也是 HTML 文档最重要的组成部分。标签有成对与不成对两种形式，成对出现的称为双标签，不成对出现的称为单标签。

（1）双标签

语法格式：

<标签名>内容</标签名>

该语法中“<标签名>”表示该标签的开始，一般称为开始标签，“</标签名>”表示该标签作用的结束，一般称为结束标签。和开始标签相比，结束标签只是在前面加了一个关闭符“/”。如：<html></html>、<head></head>等都是双标签。

（2）单标签

语法格式：

<标签名/>

单标签用一个标签符号即可完整地描述某个功能。如：<meta/>标签。

HTML 标签名是不区分大小写的，<body>与<BODY>表示的意思是一样的。标准推荐使用小写，这样符合 W3C 标准。

2. HTML 基本语法格式

属性是 HTML 标签的一部分，用来表示该标签的特性，一个标签可以拥有多个属性。通常都是以“属性名="值"”的形式来表示，属性之间要用空格隔开，指定多个属性时不用区分顺序。

语法格式：

```
<标签名 属性名1="值1" 属性名2="值2"... 属性名N="值N">
内容
</标签名>
```

二、HTML5 文档主体结构

观察 page_1.html 的代码，可以看出，HTML5 文档的主体结构主要包括<! DOCTYPE>文档类型声明、<html></html>根标签、<head></head>头部标签、<body></body>主体标签。具体介绍如下：

1. <! DOCTYPE>标签

在文档的最前面，首先使用<! DOCTYPE>标签对文档类型进行声明，此标签可告知浏览器文档使用哪种 HTML 标准规范。

浏览器在读取 HTML 文档时，通过<! DOCTYPE>标签才能将该文档作为有效的 HTML 文档，并按指定的文档类型进行解析。

2. <html></html>标签对

<html></html>标签对也称为根标签，位于<! DOCTYPE>标签之后。此元素

可告知浏览器其自身是一个 HTML 文档。一个 HTML 文档总是以<html>开始，以</html>结束，在它们之间的是文档的头部和主体内容。

3. <head></head>标签对

<head></head>标签对也称为头部标签，用于定义 HTML 文档的头部信息，它是所有头部元素的容器，主要用来描述文档的各种属性和信息。相关标签见表 2-1。

表 2-1　**head 头部标签**

标签	功能
<title></title>	用于定义网页文档的标题
<meta/>	用于提供有关页面的元信息（meta-information），比如针对搜索引擎和更新频度的描述和关键词
<link/>	用于定义文档与外部资源的关系，最常见的用途是链接样式表
<style></style>	用于定义 HTML 文档的样式信息
<script></script>	用于定义客户端脚本，比如 JavaScript。script 元素既可以包含脚本语句，也可以通过 src 属性指向外部脚本文件

4. <body></body>标签对

<body></body>标签对也称为主体标签，是 HTML 文档中的主要部分。浏览器中显示的所有文本、图像、音频和视频等信息都必须位于<body></body>标签对内。一个 HTML 文档只能含有一对<body>标签，且<body>标签必须在<html>标签内，位于头部标签之后。

任务实现

打开“html/intro.html”文件，通过修改相关标签的属性和值，为网页添加标题、关键字和网页描述等元素，代码如下：

```
1  <! DOCTYPE html>
2  <html>
3      <head>
4          <meta charset="UTF-8"/>
5          <meta name="keywords" content="小学,学校,新城,实验小学"/>
6          <meta name="description" content="新城实验小学是一所具有广阔发展前景的
7          省级示范学校。"/>
8          <title>新城实验小学</title>
9      </head>
10 <body>
11     学校概况
12 </body>
13 </html>
```

在上述代码中，第 4～6 行代码设置有关页面的元信息，第 4 行代码中的 charset 功能是设置编码字符集，UTF-8 是国际标准的编码字符集，如果要设置汉字编码字符集，则值为 GB2312，即 charset="GB2312"。

第 5 行代码中的 name="keywords"用来设置网页关键字，content="???"是关键字内容，content 的值可以是 8～12 个以半角逗号隔开的单词或词语，在搜索引擎中可以通过搜索 content 的值搜到该网站，如本任务中通过搜索“小学，学校，新城，实验小学”等词语就可以搜到该网站。

第 6 行代码中的 name="description"用来设置网页描述信息，搜索引擎根据这个描述进行收录排名，content="???"是网页的描述，其值可以是 80 个字以内与网站内容相关的文本。

代码修改保存好后按“Ctrl＋R”快捷键，在浏览器中预览网页效果，如图 2-2 所示。

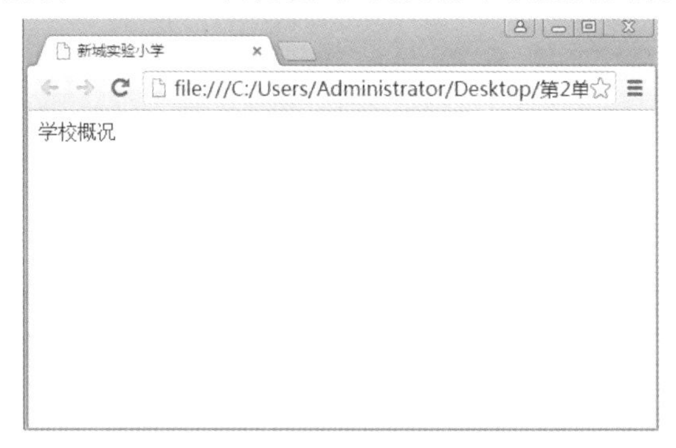

图 2-2　网页预览效果

任务二　在网页中添加文本

任务情境

浏览“学校概况”页面，可以看到该页面显示内容最多的元素就是文本。观察页面中文本的显示效果，思考如何对网页中的文本进行排版，使网页结构更加清晰，网页效果如图 2-3 所示。

学校概况

新城实验小学创建于2004年,学校占地10465平方米，房屋建筑面积8250平方米，建有走廊相连的两幢单体教学楼，设有图书馆、科学室、舞蹈房、心理咨询室、阳光电视台、陶艺室、乒乓球馆、计算机室、教师休闲阅览室等多个功能室，网络覆盖100%，校园基本实现数字化，是一座高起点、高规格的国有公办实验学校。学校领导班子经验丰富，锐意改革，务实高效；教师队伍中既有全市各学科的优秀人才，又有近年崭露头角的教坛新秀。

学校秉承“以人为本，将校园建成师生幸福的精神家园”的办学理念，提出“学校属于孩子，每个孩子都重要”的核心价值观，形成了“诲人不倦、精益求精”的教风和“勤学、巧学、乐学”的学风，学校目前的在校生数为2000人，教师150人。

一、“启迪心灵，明亮人生”特色内涵

学校的办学理念是“以人为本，将校园建成师生幸福的精神家园”，在特色学校的创建上，我们建设了特色“启迪心灵”校本课程，包括：

1. 经典诵读课程，
2. 音乐合唱校本课程，
3. 美术工艺校本课程，

二、科学办校，硕果累累

办学几年来，学校实行严格规范的封闭式管理，治学严谨，管理科学，在办学历程中取得了丰硕的成果：

- 省红领巾示范学校
- 省十佳青少年思想道德实践基地
- 全国语言文字工作示范学校
- 市德育工作示范单位

学校建有家长教师联合会，你我携手共同托起明天的太阳——**轻负担，让我们拥有 快乐童年；高质量，让我们憧憬幸福人生！**新城实验小学将继续深入实施素质教育，坚持科学发展观，以创办人民满意的教育为目标，构建和谐的教育家园。

版权所有 CopyRight© 2005-2014 新城实验小学
联系电话：0552-3170000　邮箱:123456@qq.com

图 2-3　“intro. html”中的文本排版效果

任务分析

“学校概况”页面是浏览者了解学校情况的主要渠道，其中包含大量的文本信息，如果只使用默认字体，会让网页显得呆板。本任务将运用标题标签、段落标签等标签控制文本的显示效果，增加网页的可读性和美观性。

知识准备

一、标题标签<h*n*>

标题标签用于定义章节标题的显示格式，通过<h1>、<h2>、<h3>、<h4>、<h5>和<h6>六个标签对来控制标题格式。<h1>定义的标题最大，<h6>定义的标题最小。当为文本添加标题标签后，该文本会独立在一行显示。

语法格式：

```
<hn align="对齐方式">标题文本</hn>
```

其中，*n* 代表标题字号(1～6)，align 属性用于设置标题的水平对齐方式(可选项)，取值见表 2-2。

表 2-2 对齐方式

属性	值类型	说明
align	left	默认，左对齐
	right	右对齐
	center	居中对齐

下面来学习标题标签<h*n*>的使用，如[例 2-1]所示。

[例 2-1] 在网页中分别用<h1>～<h6>标签设置文字标题。

```
1  <body>
2      <h1>标题 1</h1>
3      <h2>标题 2</h2>
4      <h3>标题 3</h3>
5      <h4>标题 4</h4>
6      <h5>标题 5</h5>
7      <h6>标题 6</h6>
8  </body>
```

运行代码，效果如图 2-4 所示。

二、段落标签<p>

网页中显示的文本，如果需要分段，通过在代码中写入“回车键”是没有效果的。我们可以使用<p>标签来控制文章的段落，使文字有条理地显示出来。

语法格式：

<p align="对齐方式">段落文本</p>

该格式中的 align 属性用于设置段落文本的对齐方式，使用方法和标题标签一样。

下面来学习段落标签<p>的使用，如[例 2-2]所示。

[例 2-2] 在网页中设置文字段落对齐方式。

```
1  <body>
2      <p align="left">段落 1 左对齐</p>
3      <p align="center">段落 2 居中对齐</p>
4      <p align="right">段落 3 右对齐</p>
5  </body>
```

运行代码，效果如图 2-5 所示。

图 2-4　标题标签显示效果

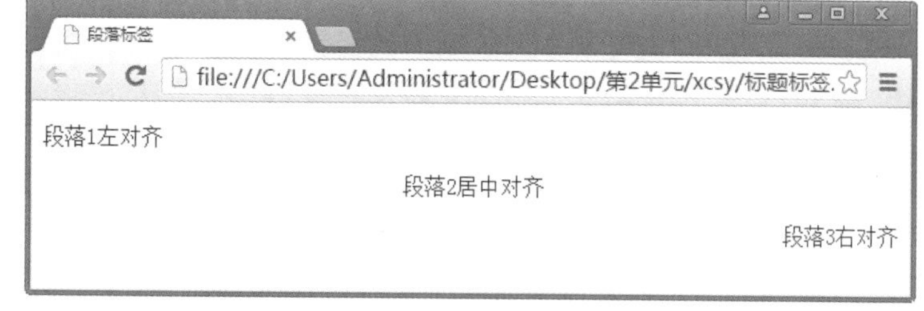

图 2-5　段落标签的使用

三、换行标签

标签是单标签，可以控制文本在不产生新段落的情况下另起一行显示。

语法格式：

四、列表标签<ul>、<ol>

为了使页面中的信息排列有序、条理清晰，在制作网页的过程中经常会使用列表标签对网页元素进行排版布局。列表标签分为无序列表<ul>和有序列表<ol>。

1. 无序列表<ul>

网页中最常使用的列表就是无序列表。在整个列表结构中，每个列表项没有先后之分，所以称之为“无序列表”。

语法格式：

```
<ul>
    <li>列表项 1</li>
    <li>列表项 2</li>
    <li>列表项 3</li>
    ……
</ul>
```

无序列表使用<ul></ul>标签对定义，列表结构中的列表项使用<li></li>标签对定义。

下面来学习无序列表<ul>的使用，如[例 2-3]所示。

[例 2-3] 利用无序列表呈现网页前端开发课程。

```
1  <body>
2  <h2>网页前端开发课程</h2>
3  <ul>
4      <li>HTML</li>
5      <li>CSS</li>
6      <li>JavaScript</li>
7  </ul>
8  </body>
```

运行代码，效果如图 2-6 所示。

2. 有序列表<ol>

有序列表的列表项是有先后顺序的，使用<ol></ol>标签对来定义有序列表，列表结构中的列表项使用<li></li>标签对定义，有序列表的项目符号默认为数字 1、2、3…

语法格式：

```
<ol>
    <li>列表项 1</li>
    <li>列表项 2</li>
    <li>列表项 3</li>
    ……
</ol>
```

下面来学习有序列表<ol>的使用，如[例 2-4]所示。

[例 2-4] 利用有序列表呈现网页前端开发课程。

```
1  <body>
2  <h2>网页前端开发课程</h2>
3  <ol>
4      <li>HTML</li>
5      <li>CSS</li>
6      <li>JavaScript</li>
7  </ol>
8  </body>
```

运行代码，效果如图 2-7 所示。

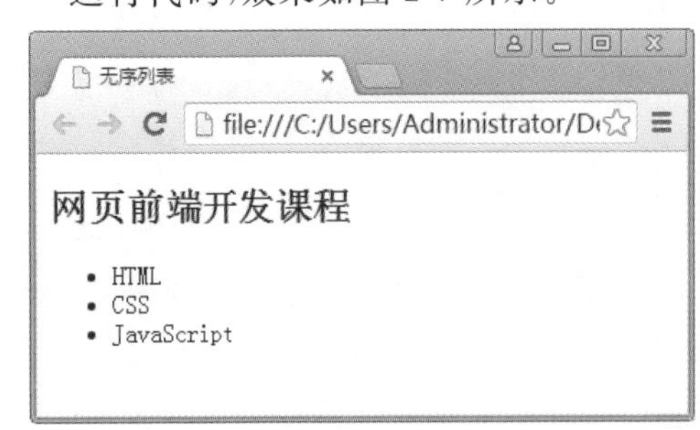

图 2-6　无序列表的使用

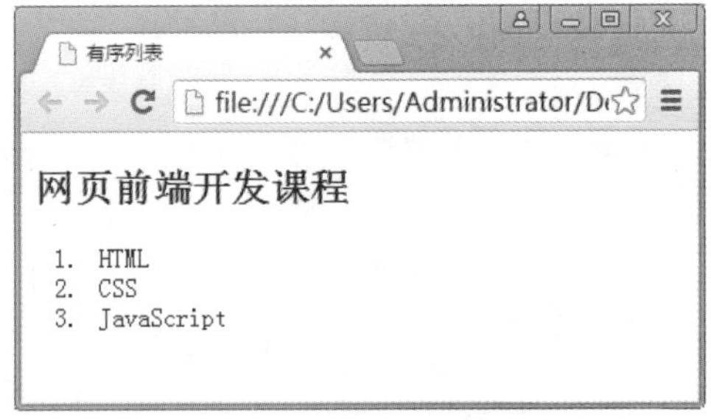

图 2-7　有序列表的使用

五、文本格式标签

在网页中，有时候需要让文本以特殊的字体效果进行显示，如加粗、斜体、下划线等。HTML 中定义了一组专门用于控制文本格式的标签，各种标签的格式和作用见表 2-3。

表 2-3　文本格式标签

标记	作用
<em>文本</em>	斜体字
<strong>文本</strong>	加粗
<ins>文本</ins>	文本加下划线
<del>文本</del>	文本加删除线

下面来学习文本格式标签的使用，如[例 2-5]所示。

[例 2-5] 利用文本格式标签设置文字“网页前端开发项目教程”。

```
1  <body>
2      <em>网站前端开发项目教程 DIV+CSS+JavaScript</em><br/><br/>
3      <del>网站前端开发项目教程 DIV+CSS+JavaScript</del><br/><br/>
4      <strong>网站前端开发项目教程<ins>DIV+CSS+JavaScript</ins></strong>
       <br/><br/>
5  </body>
```

运行代码，效果如图 2-8 所示。

网站前端开发项目教程DIV+CSS+JavaScript

~~网站前端开发项目教程DIV+CSS+JavaScript~~

网站前端开发项目教程DIV+CSS+JavaScript

图 2-8　文本格式标签的使用

六、HTML 特殊符号

网页中经常会出现一些特殊的符号，如版权、注册商标等信息，如何添加这些特殊的符号呢？我们可以直接输入这些符号的 HTML 代码，表 2-4 中列举了 HTML 的常用符号和对应的字符代码。

表 2-4　HTML 常用符号

常用符号	字符代码
空格	
©	©
®	®
¥	¥
<	<
>	>

七、HTML 注释

HTML 注释，通常以“<！--”开始，以“-->”结束，中间为注释内容，例如：

```
<! ----------------------------------以下为版权内容---------------------------------->
<p>版权所有 CopyRight&copy;2005-2014 新城实验小学</p>
```

任务实现

1. 结构分析

“学校概况”页面中的文本主要通过标题和段落来控制格式。“一、‘启迪心灵，明亮人生’特色内涵”部分包含一个有序列表，使用<ol></ol>标签对实现；“二、科学办校，硕果累累”部分包含一个无序列表，使用<ul></ul>标签对实现；对于需要特殊显示的文本“轻负担，让我们拥有快乐童年；高质量，让我们憧憬幸福人生！”，可以使用<strong></strong>标签对实现加粗显示；版权部分使用段落标签对<p></p>设置居中对齐效果，换行使用
标签。

2. 制作 HTML 页面结构

打开“intro. html”文件，在“任务一”完成的代码基础上，根据上面的结构分析，使用 HTML5 的相关标签设计网页结构，代码如下：

```
1  <body>
2  <h1 align="center">学校概况</h1>
3  <p>新城实验小学创建于 2004 年，学校占地 10465 平方米，房屋建筑面积 8250 平方米，建有
   连廊相连的两幢单体教学楼，设有图书馆、科学室、舞蹈房、心理咨询室、阳光电视台、陶艺室、
   乒乓球馆、计算机室、教师休闲阅览室等多个功能室，网络覆盖 100%，校园基本实现数字化，是
   一座高起点、高规格的国有公办实验学校。学校领导班子经验丰富、锐意改革、务实高效；教师
   队伍中既有全市各学科的优秀人才，又有近年崭露头角的教坛新秀。</p>
4  <p>学校秉承“以人为本，将校园建成师生幸福的精神家园”的办学理念，提出“学校属于孩
   子，每个孩子都重要”的核心价值观，形成了“诲人不倦、精益求精”的教风和“勤学、巧学、乐学”
   的学风，学校目前的在校生数为 2000 人，教师 150 人。</p>
5  <h3>一、“启迪心灵，明亮人生”特色内涵</h3>
6  <p>学校的办学理念是“以人为本，将校园建成师生幸福的精神家园”。在特色学校的创建
   上，我们建设了特色“启迪心灵”校本课程，包括：</p>
7  <ol>
8      <li>经典诵读课程。</li>
9      <li>音乐合唱校本课程。</li>
10     <li>美术工艺校本课程。</li>
11 </ol>
12 <h3>二、科学办校，硕果累累</h3>
13 <p>办学几年来，学校实行严格规范的封闭式管理，治学严谨，管理科学，在办学历程中取得
   了丰硕的成果：</p>
14 <ul>
15     <li>省红领巾示范学校</li>
```

```
16      <li>省十佳青少年思想道德实践基地</li>
17      <li>全国语言文字工作示范学校</li>
18      <li>市德育工作示范单位</li>
19  </ul>
20  <p>学校建有家长教师联合会，你我携手共同托起明天的太阳——<strong>轻负担，让我们
    拥有快乐童年；高质量，让我们憧憬幸福人生！</strong>新城实验小学将继续深入实施素质
    教育，坚持科学发展观，以创办人民满意的教育为目标，构建和谐的教育氛围。</p>
21  <p align="center">版权所有 CopyRight&copy;2005-2014 新城实验小学<br/>联系电话：
    0552-3170000      邮箱：123456@qq.com</p>
22  </body>
```

任务三　制作图文混排效果

任务情境

制作图文混排效果

在“学校概况”页面中包含了大量的文本，如果一个页面是纯文本，会让浏览者感觉很枯燥。考虑如何通过合理地添加图像元素，实现图文混排效果，让网页变得更加生动，更加丰富多彩。网页实现效果如图 2-9 所示。

学校概况

新城实验小学创建于2004年,学校占地10465平方米，房屋建筑面积8250平方米，建有连廊相连的两幢单体教学楼，设有图书馆、科学室、舞蹈房、心理咨询室、阳光电视台、陶艺室、乒乓球馆、计算机室、教师休闲阅览室等多个功能室，网络覆盖100%，校园基本实现数字化，是一座高起点、高规格的国有公办实验学校。学校领导班子经验丰富、锐意改革、务实高效；教师队伍中既有全市各学科的优秀人才，又有近年崭露头角的教坛新秀。

学校秉承“以人为本，将校园建成师生幸福的精神家园”的办学理念，提出“学校属于孩子，每个孩子都重要”的核心价值观，形成了“诲人不倦、精益求精”的教风和“勤学、巧学、乐学”的学风，学校目前的在校生数为2000人，教师150人。

一、“启迪心灵，明亮人生”特色内涵

学校的办学理念是“以人为本，将校园建成师生幸福的精神家园”。在特色学校的创建上，我们建设了特色"启迪心灵"校本课程，包括：

1. 经典诵读课程。
2. 音乐合唱校本课程。
3. 美术工艺校本课程。

二、科学办校，硕果累累

办学几年来，学校实行严格规范的封闭式管理，治学严谨，管理科学，在办学历程中取得了丰硕的成果：

- 省红领巾示范学校
- 省十佳青少年思想道德实践基地
- 全国语言文字工作示范学校
- 市德育工作示范单位

学校建有家长教师联合会，你我携手共同托起明天的太阳——**轻负担，让我们拥有 快乐童年；高质量，让我们憧憬幸福人生！**新城实验小学将继续深入实施素质教育，坚持科学发展观，以创办人民满意的教育为目标，构建和谐的教育氛围。

版权所有 CopyRight©2005-2014 新城实验小学
联系电话：0552-3170000　　邮箱:123456@qq.com

图 2-9　图文混排页面效果

任务分析

图像是网页上展示的重要元素，单纯的文字排版显得不够生动，通过设置图像标签的属性来完成图文混排页面的制作。

知识准备

一、网页中的图像格式

图像文件格式有很多种，在网页中常见的主要包括.jpg、.gif 和.png 三种类型，主要区别如下：

- .jpg 格式：颜色表现丰富，但该图像格式使用了有损压缩，不支持透明，不支持动画效果。网页中的照片、商品图像、banner 图像一般采用此类格式。
- .gif 格式：一种无损压缩的图像格式，支持透明和多帧动画显像效果。但.gif 最多支持 256 种颜色，适合表现色彩相对单一的图形，经常用作 Logo、按钮、图标等。
- .png 格式：一种新的图像处理技术，可以表现品质比较高的图像，使用了无损压缩，支持透明，但不支持动画。

二、HTML 图像标签

图像应用于网页中有“在网页中插入图像”和“将图像作为网页的背景”两种形式。插入图像的标签为<img/>单标签，而背景图像则需要使用 CSS 定义样式，具体实现将放在单元三进行讲解。

语法格式：

```
<img src="图像文件的路径和文件名"/>
```

在该语法结构中，src 属性是用来指定图像文件的源地址，是<img/>标签必不可少的属性。如果想灵活地控制图像，如调整图像的大小、位置等效果，还需要设置其他属性。相关属性见表 2-5。

表 2-5　<img/>标签属性

属性	值	作用
src	URL	图像文件的路径和文件名
alt	文本	图像无法正常显示时的提示文本
title	文本	图像的标题(鼠标在图像上悬停时显示的内容)
width	像素	图像的宽度
height	像素	图像的高度
border	非负整数	图像的边框宽度
hspace	像素	图像水平边距(图像左右的空白)
vspace	像素	图像垂直边距(图像上下的空白)

（续表）

属性	值	作用
align	left	图像对齐到左边
	right	图像对齐到右边
	top	图像与顶部对齐
	middle	图像与中央对齐
	bottom	图像与底部对齐

下面来学习<img/>标签的使用，如[例 2-6]所示。

[例 2-6] 使用<img/>标签在网页中插入图像。

```
1  <body>
2  <img src="images/01.jpg" alt="这是一个图像" title="我是猫吗?"
       height="200" width="300" border="4" hspace="20"/>
3  <img src="01.jpg" alt="这是一个图像" height="100" width="200" border="8"
       hspace="20"/>
4  </body>
```

运行代码，效果如图 2-10 所示。

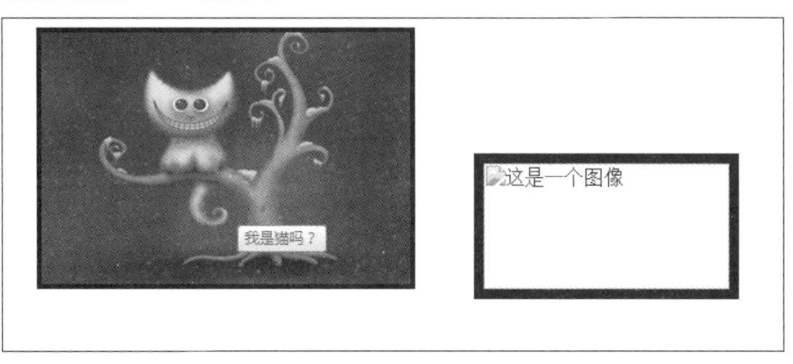

图 2-10　图像标签的使用

在上述代码中，第 2 行代码中<img/>标签插入的图像高度为 200 像素，宽度为 300 像素，图像边框粗细为“4”，图像左右各有 20 个像素的空白，鼠标在图像上悬停，会显示 title 属性的内容；第 3 行代码中的<img/>标签插入的图像高度为 100 像素，宽度为 200 像素，图像边框粗细为“8”，图像左右也有 20 个像素的空白，但由于图像路径错误不能正常显示，因此在图像区域会显示出“alt”属性的具体内容。

三、图像路径

浏览网页，有时会发现图像在网页中不能正常显示，这是因为图像文件的路径设置有误，浏览器无法找到对应的图像文件。在网站站点文件夹中，通常用 images 文件夹存放图像文件，需要插入图像时，会采用“路径”的方式找到对应的图像文件。“路径”的表示方法分为以下两种。

1. 绝对路径

绝对路径是书写完整的路径，盘符后面用“:/”分隔，各目录名之间以及目录名与文件名之间用“/”分隔，如：<img src=″d:/ shool/images/01.jpg″>。

2. 相对路径

相对路径以当前网页文档所在的路径和子目录为起点，通过层级关系对图像文件的位置进行描述。如图 2-11 中，站点是根目录，html 和 images 文件夹是子目录，它们和 index.html 网页文档属于同一级。

图 2-11 站点文件夹层级结构

在制作网页时采用相对路径，可以避免整体移动站点中的文件后，产生找不到图像或其他文件的现象，使用相对路径插入图像的方法见表 2-6。

表 2-6 使用相对路径插入图像

html 文档位置	图像位置和名称	相对路径插入图像	说明
d:\school	d:\school\01.jpg	<img src=″01.jpg″/>	图像和 html 文档在同一个文件夹
d:\school	d:\school\images\01.jpg	<img src=″images/01.jpg″/>	图像位于 html 文档的下一级文件夹
d:\school\html	d:\school\01.jpg	<img src=″../01.jpg″/>	图像位于 html 文档的上一级文件夹
d:\school\html	d:\school\images\01.jpg	<img src=″../images/01.jpg″/>	图像所在的文件夹和 html 文档所在的文件夹在同一级

任务实现

1. 结构分析

该页面中，将在版权文本的右侧添加图像，并通过属性设置宽度、高度以及对齐方式实现网页效果。

2. 制作 HTML 页面结构

打开“intro.html”文件，在“任务二”完成的代码基础上，根据上面的结构分析，通过添加<img/>标签完成图像的设计。

```
1  <body>
2  <h1 align="center">学校概况</h1>
3  ……
4  <p align="center">版权所有 CopyRight&copy;2005-2014 新城实验小学<br/>
5  联系电话:0552-3170000      
   邮箱:123456@qq.com</p>
6  <img src="images/foot_img.png" title="好好学习，天天向上" width="300"
       align="right"/>
7  ……
8  </body>
```

任务四　使用 HTML5 创建超链接

任务情境

一个网站通常由多个页面构成，有首页也有子页，那么如何从一个页面跳转到其他页面，实现页面之间的互相访问？如图 2-12 中通过单击“网站首页”能够跳转到“index.html”页面，单击图 2-13 中的 123456@qq. com 实现邮件的发送。

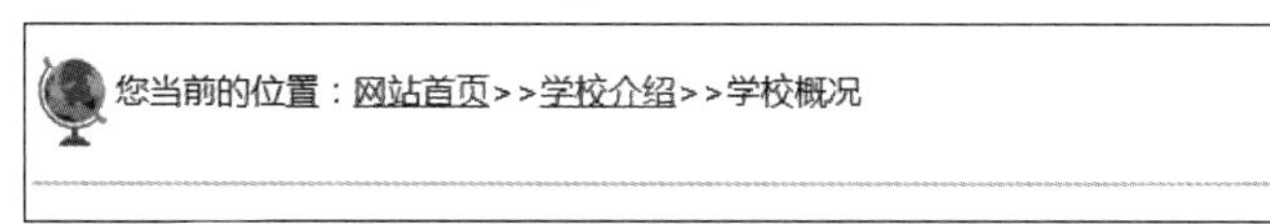

图 2-12　“学校概况”页面超链接

图 2-13　“学校概况”邮件超链接

任务分析

要实现由一个页面跳转到另一个页面，或者由一个页面跳转到另一个网站，这就需要在相应的位置添加超链接。本任务中通过对文本和图像对象添加超链接，实现页面之间的跳转。

知识准备

一、超链接标签<a>

超链接是指从一个网页指向一个目标的连接关系，这个目标可以是另一个网页，也可以是相同网页上的不同位置，还可以是一个图像，一个电子邮件地址，一个文件，甚至是一个应用程序。

语法格式：

```
<a href="跳转目标的 URL" target="目标窗口的打开方式">
    文本或图像
</a>
```

我们可以通过<a>标签为文本或图像定义超链接，href 和 target 是<a>标签的常用属性，具体说明如下：

- href="跳转目标的 URL"

用于设定超链接的目标文件的路径。目标文件的路径通常采用相对路径进行描述，具体书写规则和插入图像时使用的相对路径类似，此处不再赘述。如果要创建邮件超链接，可以设置<a href="mailto:邮箱名">文本</a>。

- target="目标窗口的打开方式"

用于设定链接文档的打开方式，常用的方式包括"_blank"和"_self"两种类型，其中"_blank"表示将链接文档在新的浏览器窗口中打开；"_self"表示将链接文档显示在目前的窗口中，是默认值。

二、水平线标签<hr/>

<hr/>标签是一个单标签，通过该标签可以在页面中创建水平线。

语法格式：

```
<hr width="宽度" size="水平线的高度" align="对齐方式" color="颜色"/>
```

该语法格式中，具体属性说明见表 2-7。

表 2-7　　水平线标签的属性

属性	作用
width	用于设置水平线的宽度，可以使用"像素值"和"百分比"两种形式来表示，如果该属性省略，则表示创建一个 100%宽的水平线
size	用于设置水平线的高度，默认高度是 1 像素
align	用于设置水平线的对齐方式，默认是 center 居中对齐
color	用于设置水平线的颜色

下面来学习<hr/>标签的使用，如[例 2-7]所示。

[例 2-7] 使用<hr/>标签在网页中创建水平线。

```
1  <body>
2  <p>默认的水平线</p>
3  <hr/>
4  <p>宽度是 500 像素的水平线</p>
5  <hr width="500" size="2"/>
6  <p>宽度是 50%，高度是 3 像素，红色的水平线</p>
7  <hr width="50%" size="3" color="#FF0000"/>
8  </body>
```

运行代码，效果如图 2-14 所示。

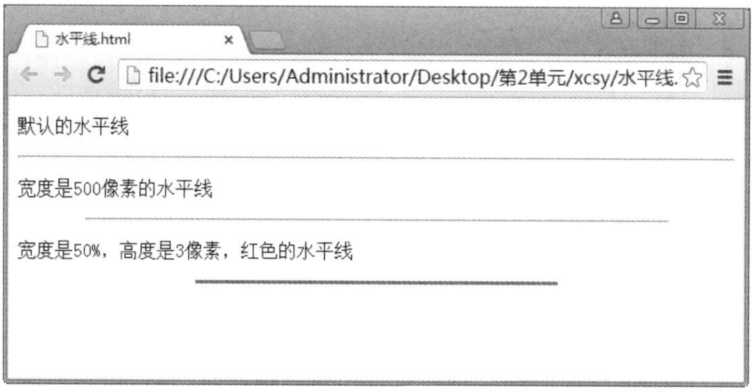

图 2-14　水平线标签的使用

任务实现

1. 结构分析

“学校概况”页面中，共有四个对象需要设置超链接，其中单击“网站首页”文本，链接到“index. html”页面；单击“学校介绍”文本，链接 href="#"设为空链接；单击图像对象链接到“百度”的官方网站；单击“123456@qq. com”文本打开默认邮件发送软件，发送邮件给对象“123456@qq. com”。

2. 制作 HTML 页面结构

打开“intro. html”文件，在“任务三”完成的代码基础上，根据上面的结构分析通过添加<a>标签完成超链接的制作，具体代码如下：

```
1  <body>
2  <p>
3  <a href="http://www.baidu.com"><img src="images/icon1.png" align="middle"/>
   </a>
4  您当前的位置：<a href="../index.html">网站首页</a>&gt;&gt;
5  <a href="#">学校介绍</a>&gt;&gt;新城概况
6  </p>
7  <hr color="#BFD2E1"/>
8  <h1 align="center">学校概况</h1>
9  ……
10 <p align="center">版权所有 CopyRight&copy;2005-2014 新城实验小学<br/>
11 联系电话：0552-3170000      
12 邮箱：<a href="mailto:123456@qq.com">123456@qq.com</a></p>
13 </body>
```

经验指导

1. 图像背景透明

如果网页上要使用的图像背景是透明的，在设计图像时要保存为 png 格式，保存为其他格式背景就会变成白色。

2. 图像默认边框

当我们为图像设置了超链接后，在使用一些浏览器显示网页效果时，图像会出现边框。我们可以通过对<img/>标签添加 border 属性，为图像去掉边框，具体格式：<img border="0">。

项目总结

通过本项目的学习，学生熟悉了 HTML5 文档的基本结构，会使用文本、图像、超链接等标签设计 HTML5 文档的结构页。能够实现文本效果的设计、图文混排效果的制作以及对文本和图像添加超链接。

拓展练习

训练：设计“海南旅游网”新闻中心结构页

任务要求：

使用 HTML5 相关标签，完成“海南旅游网”新闻中心结构页的设计，效果如图 2-15 所示。

具体要求：

1. 使用标题标签，设计大标题“海口推出 5 条精品旅游新线路 助兴海南欢乐节”和 5 个小标题(线路一、线路二、线路三、线路四、线路五)的样式，其中大标题设计为标题二，文字居中对齐，小标题设计为标题三。

2. 在大标题下方插入宽度为 98%，颜色为 #DDD 的水平线，并设计水平方向居中对齐。

3. 使用<p>标签设计文字“来源：海南日报 阅读次数：10 时间：2016-12-08 15:53:39”，其中文字“日报”与文字“阅读”之间有 2 个空格，文字“10”与文字“时间”之间有 2 个空格，文字“08”与文字“15”之间有 1 个空格。

4. 设计文字“海南日报”超链接网址为 http://hnrb.hinews.cn，且在新的浏览器窗口打开链接的网页。

5. 插入 welcome.jpg 图像，使用<p>标签设计图像水平方向居中对齐，且鼠标在图像上悬停时显示文字“欢迎来到海南！”。

6. 文字“5 条线路为：”加粗显示。

7. 使用项目列表标签设计“线路一：观澜湖明星之旅”等 5 条线路。

海口推出5条精品旅游新线路 助兴海南欢乐节

来源:海南日报 阅读次数:10 时间:2016-12-08 15:53:39

为打造全民同欢的主会场，继续为2016海南国际旅游岛欢乐节添彩助兴，日前海口市旅发委再推荐5条新的精品线路。**5条线路为：**

- 观澜湖明星之旅
- 火山文化之旅
- 人与自然之旅
- 老街文化之旅
- "最海口"美食之旅

这5条精品线路将冬季养生度假、时尚购物消费、生态与文化体验、美食与特色街区等元素囊括，为冬季来海口的游客创造一个放飞心情、感受本土文化、融入欢乐海口的机会。

线路一：观澜湖明星之旅

海口观澜湖华谊冯小刚电影公社（逛双街：穿越“民国”下“南洋”、明星星光大道寻找“爱豆”的手印）——观澜湖新城（异域美食 + 国际购物 + 兰桂坊酒吧 + 泰迪熊博物馆）——观澜湖高尔夫球场（著名的黑石球场，曾举办观澜湖世界明星赛）——观澜湖火山温泉（冬季养生，亚洲第一大矿温泉泡个SPA）。

线路二：火山文化之旅

中国雷琼世界地质公园海口园区——石山镇：荣堂村、美社村；永兴镇：美孝村、冯塘村（徒步游火山古村落）——冯塘绿园（7大乡村景观体验及用餐）。海口的地理区位成就了多元城市文化，这里一半是海峡，一半是火山。除了拥有碧海蓝天、热带植被、特色街区等资源，海口的火山文化也令人称奇。

线路三：人与自然之旅

人与自然之旅行车观赏区(非洲狮、东北虎、黑熊等猛兽)——步行区(亚洲象、长颈鹿、鳄鱼、河马、百鸟园、亚洲第一大猴山、珍贵的狮虎兽）——火烈鸟餐厅（用餐）——海口红树林乡村旅游区。 人与自然之旅不仅是感受生态海口的好选择，也是欢乐亲子游的不二选择。

线路四：老街文化之旅

海口南洋骑楼老街风貌展示馆（了解骑楼基本文化历史）——国新书苑（选购一本喜爱的书）——中山路骑楼风情街（看建筑如大亚酒店、邱宅等，逛展示馆如南洋骑楼老街文化展示馆、文领馆、天后宫等）——自在咖啡、大亚咖啡厅（小资文艺咖啡店推荐首选）—— “双创”改造示范街巷（园内里、西门外、居仁坊感受新气象、寻味最本土美食）——东门市场、西门市场（购买海鲜干货）——夜游骑楼小吃街及周边（汇聚海南本土美食，晚上有烧烤、清补凉等美食）。寻溯城市的历史，感受时代变迁的悲喜。通过老街文化之旅漫游海口，也会有意外之喜哦！

线路五：“最海口”美食之旅

海口“吃”表现出四大特点：*新鲜、天然、奇特、丰富。*饕餮海南的真谛，在于领略清淡美食的鲜香，在于对原汁原味的尊重与品鉴。在原生态的海南，口腹之乐同样是一种返璞归真的体验。

（记者单憬岗 通讯员覃曼）

上一篇：无
下一篇：亚龙湾游艇会同日开业

图 2-15 “海南旅游网”新闻中心结构页

8. 将“线路一、线路二、线路三、线路四、线路五”下面的线路内容使用<p>标签设计，且首行第一个文字前面有 4 个空格。

9. 为文字“华谊冯小刚电影公社”“观澜湖新城”“观澜湖高尔夫球场”加下划线。

10. 设计文字“新鲜、天然、奇特、丰富”为斜体。

11. 使用<p>标签设计文字“(记者单憬岗 通讯员覃曼)”右对齐。

12. 设计文字“上一篇：无”与文字“下一篇：亚龙湾游艇会同日开业”段内换行。

13. 为页面最后一行的“亚龙湾游艇会同日开业”文本创建一个空的超链接。

单元三　CSS 表现技术

单元导读

CSS 是层叠样式表的简称。对于使用 HTML 制作的网页结构，可以通过 CSS 设计网页元素的显示效果，使网页更加绚丽多彩。那什么是样式，样式有哪些，如何使用这些样式来设计网页元素的显示效果呢？本单元将通过新城实验小学“学校概况”页面 CSS 设计和新城实验小学首页布局设计，对 CSS 的基本结构和语法及背景、文字、列表、盒模型、浮动、定位等样式应用进行详细讲解。

项目三

CSS 表现技术基础知识

项目概述

在单元二中，我们完成了“学校概况”页面的主体结构——使用 HTML 标签设计实现。但想要让设计的页面更加美观、大方，并且维护起来更加方便，就需要使用 CSS 表现技术来修饰。本项目将详细介绍 CSS3 样式的基础知识。

学习目标

1. 掌握 CSS3 的语法规则，能书写规范的 CSS3 样式代码。
2. 掌握 CSS3 不同类型选择器的使用，能够美化页面中的元素。
3. 掌握在页面中应用 CSS3 样式的三种方法，能够根据需要选择合适的方式将样式引入页面中。
4. 理解 CSS3 层叠性、继承性与优先级行测试及调试。

知识要求

知识要点	能力要求	关联知识
CSS3 的语法规则	掌握	CSS 的概念、CSS3 的语法规则
应用样式到网页中	掌握	行内样式表、内部样式表和外部样式表的使用
CSS3 基础选择器	掌握	标签选择器、类选择器、id 选择器和通用选择器的特点和使用方法
CSS3 复合选择器	掌握	并集选择器、标签指定式选择器、后代选择器、子元素选择器、伪选择器的使用方法
CSS3 样式的层叠性与继承性	掌握	CSS3 层叠样式表的基本特征
样式优先级	掌握	样式表和选择器的优先级

任务一 了解CSS3基本语法及应用

任务情境

若想通过CSS表现技术来美化网页，实现结构与表现相分离，首先需要了解CSS3的基本语法及如何在网页中引入CSS3样式。

任务分析

一般而言，我们采用新建CSS文件的方式，在文件中编写CSS3代码并引入网页中。

任务实现

一、CSS3语法结构

1. CSS概述

CSS用于设置网页中文本的内容（包括大小、颜色、对齐方式等）、图像的外观（包括宽度、高度、边框等）以及版面的整体布局等外观显示样式。

在网页制作中，HTML用来设计页面的内容和结构，CSS以HTML为基础，通过设计CSS样式，可以轻松地控制网页的表现形式，制作各种精彩的网页。CSS3是最新的CSS标准，完全向后兼容，因此不必改变现有的设计。

2. CSS3语法规则

CSS3代码是由一个个的样式组成的，每个CSS样式都由选择器、属性和属性值三个部分组成。

语法格式：

```
选择器{
    属性1:属性值1;
    属性2:属性值2;
    ……
    属性n:属性值n;
}
```

CSS3通过选择器设计页面中的各个标签，一个选择器可以有一个或多个属性，属性之间必须用半角分号隔开。

例如：

```
h1 {
    font-size:32px;
    color:#F00;
}
```

上例中可以看出h1为选择器，表示CSS3样式作用的HTML对象为＜h1＞标签；

font-size 和 color 是属性，表示设置字号和文本颜色；通过这条 CSS3 样式可以设计页面中一级标题的文本字号为 32 像素，颜色为红色。

二、应用 CSS3 到网页中

若想通过 CSS3 样式对网页页面进行修饰，需要在 HTML 文档中引入 CSS 样式表。常用的引入方法有行内样式表、内部样式表和外部样式表。具体如下：

1. 行内样式表

行内样式表是直接对 HTML 标签设置 style 属性，并将 CSS3 代码作为属性值的形式来设置元素样式。

语法格式：

```
<body>
<标签名 style="样式属性 1:属性值 1; 样式属性 2:属性值 2;…"></标签名>
</body>
```

任何 HTML 标签都拥有 style 属性，style 属性后面引号中的内容与 CSS3 样式的书写规范相同。

下面来学习行内样式表的使用，如[例 3-1]所示。

[例 3-1] 使用行内样式设计文字显示效果。

```
1  <body>
2  <p style="font-size:16px;color:#F90;">使用 CSS 行内样式修饰段落文本一</p>
3  <p style="font-size:28px;color:#609;font-weight:bold;">使用 CSS 行内样式修饰段落文
   本二</p>
4  </body>
```

在上述代码中，第 2 行代码设置了段落中的文字大小为 16 像素，颜色为#F90，第 3 行代码设置了段落中的文字大小为 28 像素，颜色为#609，加粗显示。

运行代码，效果如图 3-1 所示。

使用CSS行内样式修饰段落文本一

使用CSS行内样式修饰段落文本二

图 3-1 设置行内样式的显示效果

从上例可以看出，两个<p>标签都是通过 style 属性设置了行内 CSS 样式，各样式之间互不影响。

说明：利用行内样式表定义的样式，通过标签属性设置样式，从本质上并没有实现结构与表现相分离的原则，因此不推荐使用。一般在某元素上使用一次或者需要临时修改某个样式规则时使用。

2. 内部样式表

内部样式表是将 CSS3 样式代码集中写在<head></head>标签对中，并且使用

<style>标签进行声明。

语法格式：

```
<head>
    <style type="text/css">
        选择器{属性 1:属性值 1;属性 2:属性值 2;…属性 n:属性值 n;}
        选择器{属性 1:属性值 1;属性 2:属性值 2;…属性 n:属性值 n;}
        ……
    </style>
</head>
```

该语法中，通过<style></style>标签对来声明内部样式表，type="text/css"属性用来声明<style></style>标签对中包含的是 CSS3 样式代码。

下面来学习内部样式表的使用，如[例 3-2]所示。

[例 3-2] 使用内部样式表设计文字显示效果。

```
1  <! DOCTYPE html>
2  <html>
3  <head>
4      <meta charset="UTF-8"/>
5      <title>内部样式表</title>
6      <style type="text/css">
7      h2{color:#F00; text-align:center;}
8      p{font-size:20px; font-weight:bold;}
9      </style>
10 </head>
11 <body>
12     <h2>内部样式表</h2>
13     <p>使用内部样式表控制文本段落 1</p>
14 </body>
15 </html>
```

在上述代码中，第 6～9 行代码设置了内部样式表，其中第 7 行代码设置<h2>标签文本样式：字体颜色为红色，居中对齐；第 8 行代码设置<p>标签的文本样式：字体大小为 20 像素、加粗显示。

运行代码，效果如图 3-2 所示。

内部样式表
使用内部样式表控制文本段落1

图 3-2　设置内部样式表的显示效果

说明：内部样式表中的样式只对其所在的 HTML 页面有效，但是如果一个网站中包含多个页面，页面的很多部分都采用相同的风格，使用这种方式就显得麻烦，不能发挥 CSS 代码的重用优势。

3. 外部样式表

外部样式表是将所有的样式放在一个或多个扩展名为“.css”的文件中，然后将样式表文件通过<link/>标签引入 HTML 文档中。

语法格式：

```
<head>
<link href="样式表文件的地址" type="text/css" rel="stylesheet"/>
</head>
```

在该语法中，<link/>标签需要添加在<head></head>标签对之间，<link/>标签的属性含义如下：

- href="样式表文件的地址"：用来指定样式表文件的路径和名称，可以是相对路径，也可以是绝对路径。
- type="text/css"：用来指明该文件的类型是样式表文件。
- rel="stylesheet"：用来声明在 HTML 文件中使用的是外部样式表。

下面来学习外部样式表的使用，如[例 3-3]所示。

[例 3-3] 使用外部样式表设计文字显示效果。

(1)创建一个 HTML 文档，并添加网页元素，代码如下：

```
1  <! DOCTYPE html>
2  <html>
3  <head>
4  <meta charset="UTF-8"/>
5  <title>外部样式表</title>
6  </head>
7  <body>
8  <h2>外部样式表</h2>
9  <p>使用外部样式表控制段落文本</p>
10 </body>
11 </html>
```

保存，将该文件保存在“第 3 单元”文件夹中。

(2)创建样式表文件。打开 HBuilder 软件，单击“文件”菜单，选择“新建”→“CSS 文件”，在弹出的对话框中设置文件所在目录为“第 3 单元”，文件名输入“style.css”，此时就创建了一个 style.css 文件。

(3)打开 style.css 文件，编写如下 CSS3 代码。

```
1  h2{color:#F00; text-align:center;}
2  p{color:#FF00FF;font-size:20px; font-weight:bold;}
```

(4)在 HTML 文档中链接 CSS 样式表。在上述 HTML 文档的<head></head>标签对中，通过添加<link/>标签链接 CSS 样式表，代码如下：

```
1  <link href="style.css" type="text/css" rel="stylesheet"/>
```

预览网页文档，效果如图 3-3 所示。

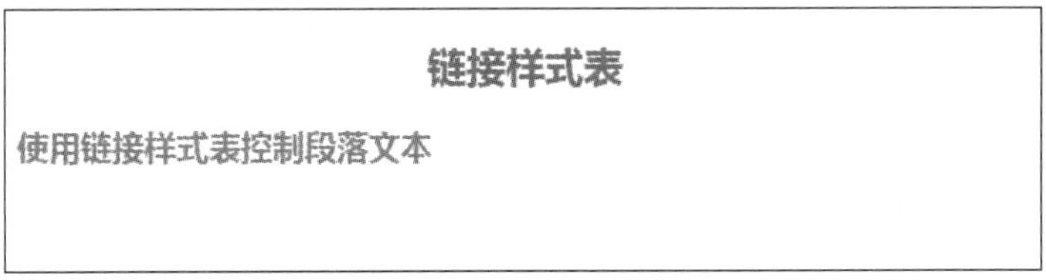

链接样式表

使用链接样式表控制段落文本

图 3-3 设置外部样式表的显示效果

说明：外部样式表是使用频率最高的，也是最实用的 CSS 样式表。它将 HTML 页面和 CSS 样式分离成不同的文件。一个外部样式表文件可以应用于不同的 HTML 页面，当改变样式表文件时，使用该样式的所有网页都会随之改变，真正实现了结构和表现完全分离。

任务二 使用 CSS3 选择器

任务情境

在了解了 CSS3 基本语法后，如何设计 CSS3 来美化网页中的 HTML 元素？

任务分析

可以使用 CSS3 不同类型的选择器去美化网页中一个或者多个 HTML 元素。

任务实现

一、CSS3 基础选择器

CSS3 基础选择器通常有三种类型，分别是标签选择器、类选择器和 id 选择器。下面分别介绍特点和使用方法。

1. 标签选择器

标签选择器是指用 HTML 标签名称作为选择器，可以为页面中某一类标签设置统一的元素外观。

语法格式：

```
标签名{
    属性 1:属性值 1;
    属性 2:属性值 2;
    ……
    属性 n:属性值 n;
}
```

例如：

```
p{line-height:30px;text-align:left;font-size:14px;}
```

通过上述 CSS3 样式代码设置，可以实现 HTML 页面中所有使用<p>标签的元素都拥有行高为 30 像素，段落左对齐，字号为 14 像素的相同样式。

2. 类选择器和 id 选择器

使用标签选择器可以快速地为页面中使用该标签的元素设置相同样式，但是它不能表现出差异化的样式。这时就需要使用 CSS3 的类选择器和 id 选择器。

（1）类选择器

使用类选择器可以为不同的网页元素设置相同的样式，也可以为使用相同标签的元素分类设置不同的样式，使用灵活。在定义类选择器时，需要在类名前加“.”（英文点号）进行标识。

语法格式：

```
.类名{
    属性 1:属性值 1;
    属性 2:属性值 2;
    ……
    属性 n:属性值 n;
}
```

使用该选择器时，需要在 HTML 文档中为需要设置同一样式的标签定义相同的类名，即设置标签的 class 属性为该类名。

下面来学习使用类选择器来设置元素不同样式，如[例 3-4]所示。

[例 3-4] 使用类选择器设计文字不同效果。

```
1 <! DOCTYPE html>
2 <html>
3 <head>
4 <meta charset="UTF-8"/>
5 <title>类选择器</title>
6 <style type="text/css">
7 .font1{color:#F00;}
8 .font2{font-size:16px;color:#0F0;}
9 </style>
10 </head>
11 <body>
12 <h2>二级标题文本</h2>
13 <h2 class="font1">应用类名为"font1"的二级标题文本</h2>
14 <p>段落文本一</p>
15 <p class="font1">应用类名为"font1"的段落文本</p>
16 <p class="font2">应用类名为"font2"的段落文本</p>
17 </body>
18 </html>
```

在上述代码中，第 13 行代码的标题标签<h2>和第 15 行代码的段落标签<p>都应用了 class="font1"，通过类选择器设置它们的文本颜色为红色。第 16 行代码的段落标签

<p>应用了 class="font2",通过类选择器设置文本大小为 16 像素,文本颜色为绿色。

运行代码,效果如图 3-4 所示。

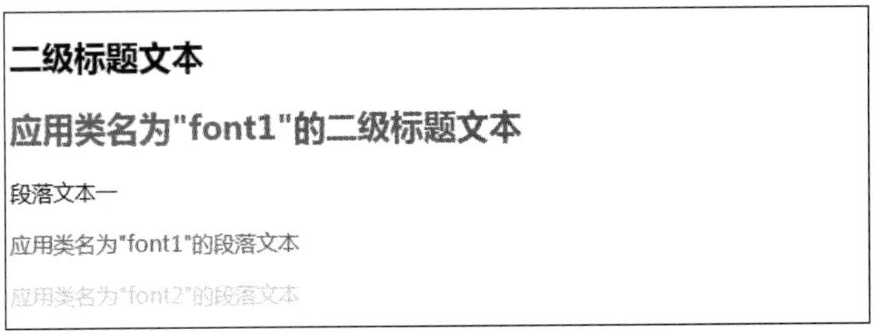

二级标题文本

应用类名为"font1"的二级标题文本

段落文本一

应用类名为"font1"的段落文本

应用类名为"font2"的段落文本

图 3-4　类选择器的使用

(2) id 选择器

使用 id 选择器可以对单个元素设置单独的样式。在定义 id 选择器时,需要在 id 名称前加"#"进行标识。

语法格式:

```
#id 名{
    属性 1:属性值 1;
    属性 2:属性值 2;
    ……
    属性 n:属性值 n;
}
```

下面来学习 id 选择器的使用,如[例 3-5]所示。

[例 3-5] 利用 id 选择器设计文字不同效果。

```
1  <! DOCTYPE html>
2  <html>
3  <head>
4  <meta charset="UTF-8"/>
5  <title>id 选择器</title>
6  <style type="text/css">
7  #font01{font-size:36px;color:#00F; text-align:center;}
8  #font02{font-size:14px; text-decoration:underline;}
9  </style>
10 </head>
11 <body>
12 <h2 id="font01">id 选择器</h2>
13 <p id="font02">通过 id 选择器控制段落文本</p>
14 </body>
15 </html>
```

在上述代码中,第 7、8 行分别定义了一个 id 选择器;第 12、13 行代码的标题标签<h2>和段落标签<p>分别应用了 id 选择器,修改文本样式。<h2>标签设置的文本大小为 36 像素,颜色为蓝色,居中对齐;<p>标签设置的文本大小为 14 像素,加下划线。

运行代码,效果如图 3-5 所示。

id选择器

通过id选择器控制段落文本

图 3-5　id 选择器的使用

3. 通用选择器

通用选择器使用“ * ”来表示,是一种特殊类型的选择器。用于定义页面中所有元素的样式,作用范围是最广的。

语法格式:

```
*{
    属性 1:属性值 1;
    属性 2:属性值 2;
    ……
    属性 n:属性值 n;
}
```

在使用过程中,一般通过通用选择器清除页面中 HTML 标签的默认边距,例如:

```
*{
    margin:0;            /* 外边距定义为 0 */
    padding:0;           /* 内边距定义为 0 */
}
```

4. 属性选择器

使用属性选择器可以根据元素的属性及属性值来选择元素。

语法格式:

```
标签[属性]{
    属性 1:属性值 1;
    属性 2:属性值 2;
    ……
    属性 n:属性值 n;
}
```

下面来学习属性选择器的使用,如[例 3-6]所示。

[例 3-6] 利用属性选择器设计文字不同效果。

```
1  <! DOCTYPE html>
2  <html>
3  <head>
4  <meta charset="UTF-8"/>
5  <title>属性选择器</title>
6  <style type="text/css">
7  p[title]{color:red;}
```

```
8 </style>
9 </head>
10 <body>
11 <p title="百度">设置 title 属性</p>
12 <p>没有设置 title 属性</p>
13 </body>
14 </html>
```

在上述代码中，第 7 行代码设置了具有 title 属性的段落样式，第 11 行代码在段落标签中设置了 title 属性，第 12 行代码没有设置 title 属性。

运行代码，效果如图 3-6 所示。

设置title属性

没有设置title属性

图 3-6　属性选择器的使用

二、CSS3 复合选择器

1. 并集选择器

如果多个选择器需定义完全相同或部分相同的样式，这时可以将这些选择器归为一组，各选择器之间通过逗号“,”分开，进行统一声明，从而提高代码的效率，降低代码的冗余，使 CSS 代码更简洁、更直观。

语法格式：

```
选择器 1,选择器 2,……
{
    属性 1:属性值 1;
    属性 2:属性值 2;
    ……
    属性 n:属性值 n;
}
```

下面来学习并集选择器的使用，如[例 3-7]所示。

[　例 3-7　] 利用并集选择器设计不同对象应用相同的样式。

```
1 <! DOCTYPE html>
2 <html>
3 <head>
4 <meta charset="UTF-8"/>
5 <title>并集选择器</title>
6 <style type="text/css">
7     h1,h2,h3{text-align:center; color:#09F;}
8     h1,.font01,#one{font-weight:bold; text-decoration:underline;}
9 </style>
10 </head>
11 <body>
12 <h1>一级标题文本</h1>
```

```
13 <h2>二级标题文本</h2>
14 <h3>三级标题文本</h3>
15 <p>段落文本 1,普通文本</p>
16 <p class="font01">段落文本 2,设置了类名为 font01 的样式</p>
17 <p id="one">段落文本 3,设置了 id 为 one 的样式</p>
18 </body>
19 </html>
```

在上述代码中,第 7 行代码通过由不同标签组成的并集选择器 h1,h2,h3,设置<h1>,<h2>,<h3>标题标签的样式为居中,蓝色;第 8 行代码通过由标签、类、id 组成的并集选择器 h1,.font01,#one,设置<h1>标题标签和部分段落文本的样式为加粗、加下划线。运行代码,效果如图 3-7 所示。

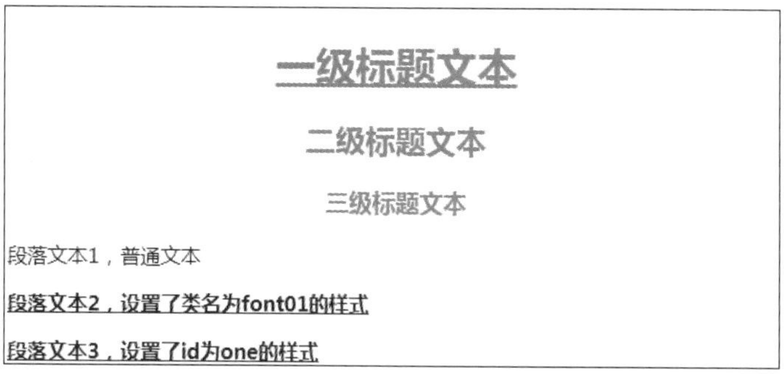

一级标题文本

二级标题文本

三级标题文本

段落文本1，普通文本

段落文本2，设置了类名为font01的样式

段落文本3，设置了id为one的样式

图 3-7　并集选择器的使用

2. 标签指定式选择器

标签指定式选择器,由两个选择器构成,第一个为标签选择器,第二个为类选择器或 id 选择器,两个选择器之间不能有空格。

语法格式:

```
标签.类名或者#id 名
{
    属性 1:属性值 1;
    属性 2:属性值 2;
    ……
    属性 n:属性值 n;
}
```

下面来学习标签指定式选择器的使用,如[例 3-8]所示。

[例 3-8] 利用标签指定式选择器设计文字样式。

```
1 <! DOCTYPE html>
2 <html>
3 <head>
4 <meta charset="UTF-8"/>
5 <title>标签指定式选择器的应用</title>
6 <style type="text/css">
7       p{font-size:14px; color:#F00;}
```

```
8      .font01{font-size:24px;color:#0F0;}
9      p.font01{font-size:36px;color:#00F;}
10 </style>
11 </head>
12 <body>
13 <p>段落文本 1</p>
14 <p class="font01">段落文本 2:指定.font01 类的段落文本</p>
15 <h2 class="font01">标题文本:指定了.font01 类的标题文本</h2>
16 </body>
17 </html>
```

在上述代码中，第 9 行代码通过标签选择器 p.font01 定义的样式，只对第 14 行代码<p class="font01">标签起作用，而不会影响其他使用了.font01 类的标签。

运行代码，效果如图 3-8 所示。

段落文本1

段落文本2：指定.font01类的段落文本

标题文本：指定了.font01类的标题文本

图 3-8 标签指定式选择器的使用

3. 后代选择器

后代选择器用来选择特定元素或元素组的后代，通常由两个或多个常用的选择器组成，中间加一个空格来声明。其中前面的选择器为父元素，后面的选择器为子元素，样式最终会应用于子元素中。

语法格式：

```
选择器 选择器……
{
    属性 1:属性值 1;
    属性 2:属性值 2;
    ……
    属性 n:属性值 n;
}
```

下面来学习后代选择器的使用，如[例 3-9]所示。

[例 3-9] 利用后代选择器设计子元素的不同效果。

```
1  <! DOCTYPE html>
2  <html>
3  <head>
4  <meta charset="UTF-8"/>
5  <title>后代选择器</title>
6  <style type="text/css">
```

```
7        span{color:#F00;}
8        p span{color:#00F; font-weight:bold;}
9        h2 span{color:#0F0; text-decoration:underline;}
10    </style>
11 </head>
12 <body>
13 <h1>一级标题文本,<span>嵌套在 h1 标签中,使用 span 标签定义的文字</span></h1>
14 <h2>二级标题文本,<span>嵌套在 h2 标签中,使用 span 标签定义的文字</span></h2>
15 <p>普通段落文本,<span>嵌套在 p 标签中,使用 span 标签定义的文字</span></p>
16 </body>
17 </html>
```

在上述代码中,第 7、8、9 三行代码,共定义了 3 个 span 标签,第 8 行代码设置 p 元素子元素 span 的样式,第 9 行代码设置 h2 元素子元素 span 的样式。由于它们的父元素不同,所以控制的范围也不同。

运行代码,效果如图 3-9 所示。

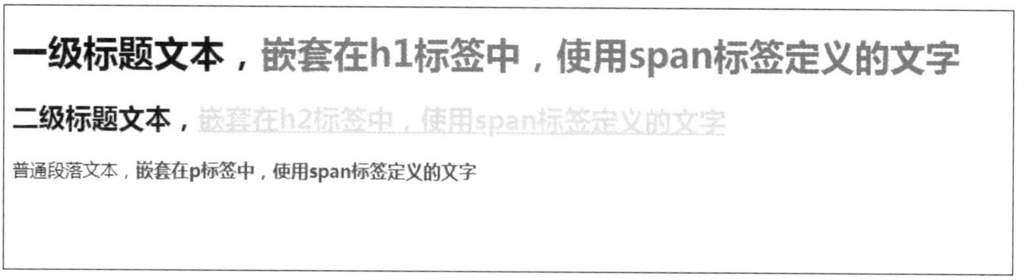

一级标题文本,嵌套在h1标签中,使用span标签定义的文字

二级标题文本,嵌套在h2标签中,使用span标签定义的文字

普通段落文本,嵌套在p标签中,使用span标签定义的文字

图 3-9　后代选择器的使用

4. 子元素选择器

如果不希望选择任意的后代元素,而是缩小范围,只选择某个元素的子元素,可以用子元素选择器,子元素选择器通常由两个或多个常用的选择器组成,中间加一个“>”(大于号)来声明。其中前面的选择器为父元素,后面的选择器为子元素,样式最终会应用于子元素中。

语法格式:

```
选择器>选择器……
{
    属性 1:属性值 1;
    属性 2:属性值 2;
    ……
    属性 n:属性值 n;
}
```

下面来学习子元素选择器的使用,如[例 3-10]所示。

[例 3-10] 利用子元素选择器设计不同文字效果。

```
1 <! DOCTYPE html>
2 <html>
```

```
3  <head>
4  <meta charset="UTF-8"/>
5  <title>子元素选择器</title>
6  <style type="text/css">
7      p>strong{color:red;}
8  </style>
9  </head>
10 <body>
11 <p>今天天气<strong>非常</strong>非常<strong>好</strong></p>
12 <p>今天天气<span><strong>非常</strong>非常<strong>好</strong></span>
   </p>
13 </body>
14 </html>
```

在上述代码中，第 7 行代码设置了只作为 p 元素子元素的 strong 元素的颜色为红色，第 11 行代码设置了 strong 元素只作为 p 元素子元素，所以“非常”与“好”都是红色，第 12 行代码 strong 元素也是<span>元素的子元素，所以文字颜色还是默认的黑色。

运行代码，效果如图 3-10 所示。

今天天气非常非常好

今天天气非常非常好

图 3-10　子元素选择器的使用

三、伪选择器

伪选择器用于向某些选择器添加特殊的效果，分为伪元素和伪类两种。伪选择器以冒号(:)表示，常用的伪选择器见表 3-1。

表 3-1　常用的伪选择器

元素名	描述
:root	选择文档中的根元素，通常返回 html
:first-child	父元素的第一个子元素
:last-child	父元素的最后一个子元素
:only-child	父元素有且只有一个子元素
:only-of-type	父元素有且只有一个指定类型的元素
:nth-child(n)	匹配父元素的第 n 个子元素
:nth-last-child(n)	匹配父元素的倒数第 n 个子元素
:nth-of-type(n)	匹配父元素定义类型的第 n 个子元素
:nth-last-of-type(n)	匹配父元素定义类型的倒数 n 个子元素
:link	匹配链接元素
:visited	匹配用户已访问的链接元素
:hover	匹配处于鼠标悬停状态下的元素
:active	匹配处于被激活状态下的元素，包括即将单击(按压)
:focus	匹配处于获得焦点状态下的元素

（续表）

元素名	描述
:enabled (:disabled)	匹配启用(禁用)状态的元素
:checked	匹配被选中的单选按钮和复选框的 input 元素
:default	匹配默认元素
:valid (:invalid)	根据输入数据验证，匹配有效(无效)的 input 元素
:in-range (out-of-range)	匹配在指定范围之内(之外)受限的 input 元素

语法格式：

```
选择器:伪元素或者伪类
{
    属性 1:属性值 1;
    属性 2:属性值 2;
    ……
    属性 n:属性值 n;
}
```

下面来学习伪选择器的使用，如[例 3-11]所示。

[例 3-11] 利用伪选择器设计列表项及超链接不同状态下的文字效果。

```
1  <! DOCTYPE html>
2  <html>
3  <head>
4  <meta charset="UTF-8"/>
5  <title>伪选择器</title>
6  <style type="text/css">
7      a:link{text-decoration:none;}
8      a:hover{text-decoration:underline;}
9      a:visited{color:#000;}
10     ul li:nth-child(2){font-weight:bold; font-size:26px;}
11 </style>
12 </head>
13 <body>
14 <ul>
15     <li><a href="#">设置超链接的第一个列表项</a></li>
16     <li><a href="#">设置超链接的第二个列表项</a></li>
17     <li><a href="#">设置超链接的第三个列表项</a></li>
18     <li><a href="#">设置超链接的第四个列表项</a></li>
19     <li><a href="#">设置超链接的第五个列表项</a></li>
20 </ul>
21 </body>
22 </html>
```

在上述代码中，第 7 行代码设置了具有 href 属性的伪元素 a 为无下划线，第 8 行代码设置了鼠标移到伪元素 a 上时出现下划线，第 9 行代码设置了已经访问过的伪元素 a 的颜色为黑色，第 10 行代码设置了匹配 ul 的第 2 个 li 子元素为字体加粗，大小为 26 像素。

运行代码，效果如图 3-11 所示。

- 设置超链接的第一个列表项
- **设置超链接的第二个列表项**
- 设置超链接的第三个列表项
- 设置超链接的第四个列表项
- 设置超链接的第五个列表项

图 3-11　伪选择器的使用

任务三　了解 CSS3 层叠性、继承性与优先级

任务情境

了解 CSS3 层叠性、继承性与优先级

我们可以使用一个样式去美化一个 HTML5 元素，那么同一个 HTML5 元素如果存在多个样式会是什么效果？

任务分析

CSS3 具有层叠性、继承性的特点，它能将多个样式作用于同一个 HTML5 元素以显示不同的效果，同时样式之间有优先级，能控制多个样式显示的顺序。

任务实现

一、层叠性

层叠性是指可以将多个 CSS3 样式作用于 HTML 文档的同一个元素，即 CSS3 样式的叠加。若各选择器设置的属性不同，则元素会应用所有选择器定义的样式；若多个选择器定义了相同的样式，元素将应用优先级最高的选择器所定义的样式。

下面来学习 CSS3 样式层叠性的使用，如[例 3-12]所示。

[例 3-12] 利用 CSS3 的层叠性设置文字效果。

```
1  <! DOCTYPE html>
2  <html>
3  <head>
4  <meta charset="UTF-8"/>
5  <title>CSS3 层叠性</title>
6  <style type="text/css">
7      p{font-family:"黑体"; font-size:12px;}
8      .font01{font-size:24px;}
9      #one{text-decoration:underline;}
10 </style>
```

```
11 </head>
12 <body>
13 <p>段落文本 1</p>
14 <p class="font01" id="one">段落文本 2</p>
15 </body>
16 </html>
```

在上述代码中，第 13、14 行代码设置了两个段落文本，第一个段落文本通过标签选择器 p 设置文本样式为黑体、字号为 12 像素；第二个段落文本通过标签选择器 p、类选择器.font01 和 id 选择器＃one 设置文本样式为黑体、字号为 24 像素、加下划线。

运行代码，效果如图 3-12 所示。

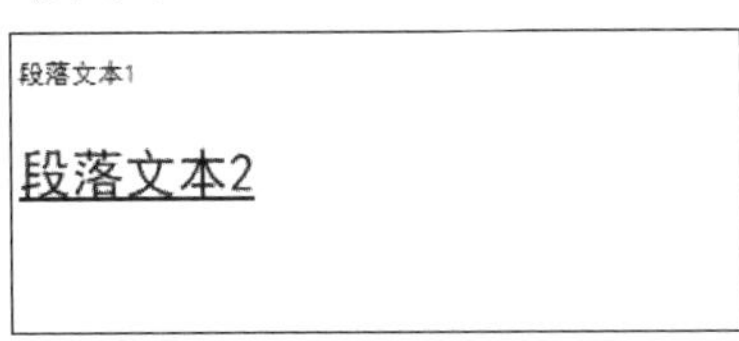

图 3-12　CSS3 的层叠性

上述代码中，第 7 和 8 行代码中的标签选择器 p 和类选择器.font01 都定义了“font-size”属性，但由于类选择器的优先级高于标签选择器，所以显示的效果是类选择器.font01 定义的字号为 24 像素，对于选择器的优先级将在项目四进行详细讲解。

二、继承性

继承性是指子标签会继承父标签的属性。最典型的例子就是，如果我们定义了 body{font-size:12px; color:＃F00;}，那么页面中包含在<body>标签中的所有标签及标签下的所有子标签的文本样式都将是 12 像素、红色，这时因为文本的颜色、字号等属性是可以被继承的。但并不是所有的样式都会被继承，如边框属性、外边距属性、内边距属性、背景属性、定位属性、元素高度和宽度属性等就不具有继承性。

三、样式优先级

1. 样式表优先级

从样式表的位置来看，优先级从高到低依次是：

行内样式表→内部样式表→外部样式表

也就是说，当有相同的 CSS3 样式作用于同一个网页元素时，行内样式表的优先级是最高的。

2. 选择器优先级

从选择器的类型来看，优先级从高到低依次是：

id 选择器→类选择器→标签选择器

使用不同的选择器对同一个网页元素设置样式，id 选择器的定义优先于类选择器和标签选择器，优先级是最高的。例如：

```
<style type="text/css">
    p{color:#00F;}
    .font01{color:#0F0;}
    #one{color:#F00;}
</style>
```

在 HTML 结构中引用样式：

```
<p class="font01" id="one">猜猜我是什么颜色？</p>
```

上例中，多个选择器样式作用于同一段文本，但由于 id 选择器的优先级是最高的，故网页上显示的文本颜色应为红色。

3. ! important 语法

通过！important 语句，可以赋予某个样式拥有最大的优先级。

下面来学习！important 语句的使用，如[例 3-13]所示。

[例 3-13] 利用！important 语句改变样式优先级。

```
1  <! DOCTYPE html>
2  <html>
3  <head>
4  <meta charset="UTF-8"/>
5  <title>! important 命令</title>
6  <style type="text/css">
7         .font01{color:#F00! important;}
8  </style>
9  </head>
10 <body>
11 <p class="font01" style="color:#FF0;">普通段落文本</p>
12 </body>
13 </html>
```

在上述代码中，第 7 行代码通过！important 语句使.font01 的样式拥有最高的优先级，所以运行该代码后，文本显示为红色。

说明：！important 命令必须位于属性值和分号之间，否则无效。

4. CSS3 代码注释

在编写 CSS3 代码时，可以通过加注释的方法，提高代码的可读性。为 CSS3 代码添加注释，通常以“/*”开始，以“*/”结束，中间为注释内容，例如：

```
/*------------------------------以下为头部样式--------------------------------*/
.font bt{
    font-size:24px;              /*字号为 24 像素*/
    color:#F00;                  /*文本颜色为红色*/
}
```

经验指导

1. 为了避免浏览器的不兼容问题，选择器的命名应尽量规范，包括：以字母开头，由小写字母和数字组成。

2. 选择器的命名越简短越好，尽量见名知意。这样既有助于理解，也能提高代码编写效率。

项目总结

通过本项目的学习，学生了解了 CSS3 的基本语法规则，掌握了 CSS3 选择器的设计、在 HTML5 页面中引入 CSS 样式表的方法、CSS3 层叠与继承的使用，会利用 CSS3 选择器美化网页元素。

拓展训练

训练：使用 CSS 选择器设计“海南旅游网”海南简介页面

在“海南旅游网”海南简介结构页(intro. html)基础上，通过 CSS 样式表设计，完成“海南旅游网”海南简介页面的设计，效果如图 3-13 所示。

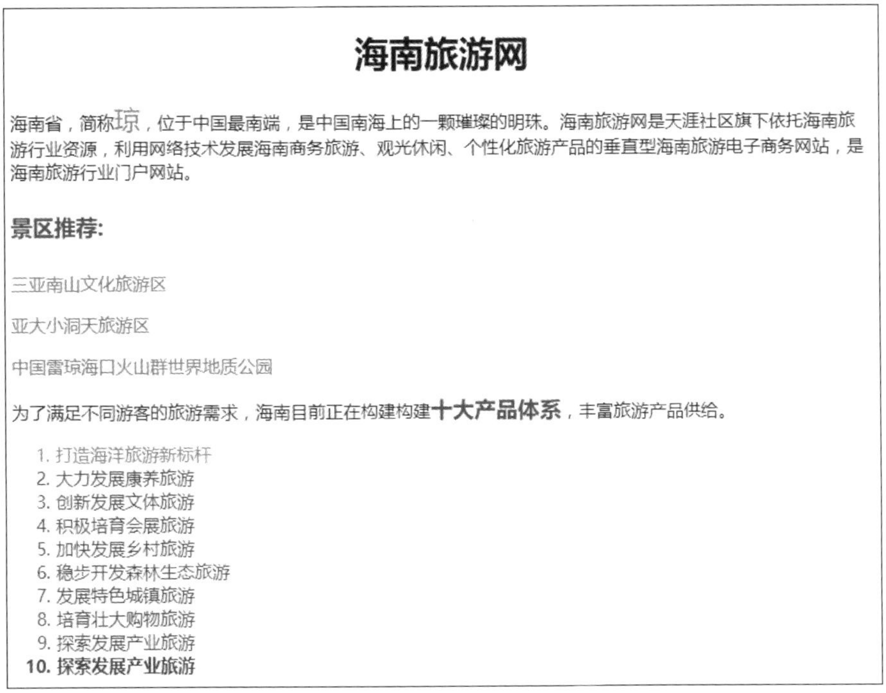

海南旅游网

海南省，简称琼，位于中国最南端，是中国南海上的一颗璀璨的明珠。海南旅游网是天涯社区旗下依托海南旅游行业资源，利用网络技术发展海南商务旅游、观光休闲、个性化旅游产品的垂直型海南旅游电子商务网站，是海南旅游行业门户网站。

景区推荐：

三亚南山文化旅游区

亚大小洞天旅游区

中国雷琼海口火山群世界地质公园

为了满足不同游客的旅游需求，海南目前正在构建构建**十大产品体系**，丰富旅游产品供给。

1. 打造海洋旅游新标杆
2. 大力发展康养旅游
3. 创新发展文体旅游
4. 积极培育会展旅游
5. 加快发展乡村旅游
6. 稳步开发森林生态旅游
7. 发展特色城镇旅游
8. 培育壮大购物旅游
9. 探索发展产业旅游
10. **探索发展产业旅游**

图 3-13　海南简介页面

具体要求：

1. 利用标签选择器设计网页主体文字字体为“宋体”，字体大小为“14px”。

2. 利用 id 选择器设计标题“海南旅游网”文本居中显示。

3. 利用子代选择器设计文字“琼”字体为“微软雅黑”，字体大小为“24px”，颜色为“红色”。

4. 利用标签选择器、类选择器的并集设计标题“景区推荐”和文本“十大产品体系”的字体大小为“20px”，颜色为“蓝色”。

5. 利用伪选择器设计具有 href 属性的超链接无下划线，鼠标移到超链接文本上时出现下划线，已访问的超链接文本颜色为“绿色”。

6. 利用后代选择器设计<li>标签文本颜色为“#333”。

7. 利用类选择器设计文本“打造海洋旅游新标杆”颜色为“红色”。

8. 利用伪选择器设计最后一个 li 元素字体为“粗体”。

9. 要求所有的样式放在一个样式表文件中，并将该文件链入对应的 HTML 网页文档中。

项目四

CSS3 应用——“学校概况”页面样式设计

项目概述

新城实验小学“学校概况”页面样式设计主要针对页面的元素设计样式，达到美化网页的效果。本项目将详细介绍页面背景图像、文字段落样式和项目列表样式设计，并应用 CSS3 样式完成网页的美化。效果如图 4-1 所示。

图 4-1 “学校概况”效果

学习目标

1. 理解背景的含义。
2. 掌握 CSS3 中背景样式设计及应用。
3. 掌握 CSS3 中文字样式设计及应用。
4. 掌握 CSS3 中段落样式设计与应用。
5. 掌握 CSS3 中列表样式设计与应用。

知识要求

知识要点	能力要求	关联知识
背景	掌握	背景的概念、背景颜色、背景图像、背景图像重复方式、背景图像位置和背景图像固定方式
文字样式	掌握	文字颜色、大小、粗细、风格、变体
段落样式	掌握	对齐方式、文本修饰、行高、首行缩进、字符间距、字间距、控制元素中的字母
项目列表样式	掌握	列表符号、图像符号、符号位置

任务一 使用 CSS3 设计背景

任务情境

网页中的每个元素都可以设计背景，背景设计包括背景颜色、背景图像、背景图像重复方式、背景图像位置、背景是否固定等属性。网页元素的<body>和<div>标签被设置背景后能够产生冲击视觉的效果，提升网页的美观性。新城实验小学“学校概况”页面的<body>标签加载了浅蓝色背景，给人清爽的感觉。效果如图 4-2 所示。

图 4-2 “学校概况”页面背景

任务分析

“学校概况”页面背景为满屏效果，即无论显示器屏幕多大，该网页的背景始终填充整个屏幕。若使用固定大小的图像做背景图像，则需要该图像足够大，但这会降低网页加载速度；可使用宽度为 1 像素、高度为 500 像素的图像，让其沿 X 轴重复即可。

知识准备

一、背景介绍

网页元素背景包括背景颜色和背景图像(背景图像重复方式、背景图像位置及背景图像固定方式)等信息。常对<body>、<div>和<a>标签设置背景样式以提高网页美观性。

二、背景颜色

网页元素设计背景颜色都是通过 CSS3 中的 background-color 属性来实现的，其值见表 4-1。

表 4-1　背景颜色 background-color 属性值的类型

属性	值类型	示例
background-color	颜色值名称	红色 red、蓝色 blue 等，{background-color：red；}
	RGB	rgb(255，0，0)
	十六进制	＃FF00FF(＃F0F)、＃CCCCCC(＃CCC)、＃ABABAB
	transparent	{transparent auto}

语法格式：

选择器{background-color：值；}

下面来学习背景颜色的使用，如[例 4-1]所示。

[例 4-1] 对标题 1～4 分别设置不同背景颜色。

```
1  <head>
2  <style>
3  body{background-color:#CCCCCC;          /*设置网页整体背景颜色，值为十六进制*/}
4  h1{background-color:#6E768F;            /*设置标题 1 的背景颜色，值为十六进制*/}
5  h2{background-color:rgb(53,161,32);     /*设置标题 2 的背景颜色，值为 RGB*/}
6  h3{background-color:red;                /*设置标题 3 的背景颜色，值为颜色名称*/}
7  h4{background-color:rgba(255,0,32,0.5); /*设置标题 4 的背景颜色为透明，透明度为 0.5*/}
8  </style>
9  </head>
10 <body>
11 <h1>十六进制颜色值</h1>
12 <h2>RGB 颜色值</h2>
13 <h3>颜色名称</h3>
```

```
14 <h4>透明背景</h4>
15 </body>
```

在上述代码中，第 3 行代码设置网页整体背景颜色，第 4 行代码设置标题 1 的背景颜色，第 5 行代码设置标题 2 的背景颜色，第 6 行代码设置标题 3 的背景颜色，第 7 行代码设置标题 4 的背景颜色透明，rgba 分别代表红色、绿色、蓝色和透明度的值。

运行代码，效果如图 4-3 所示。

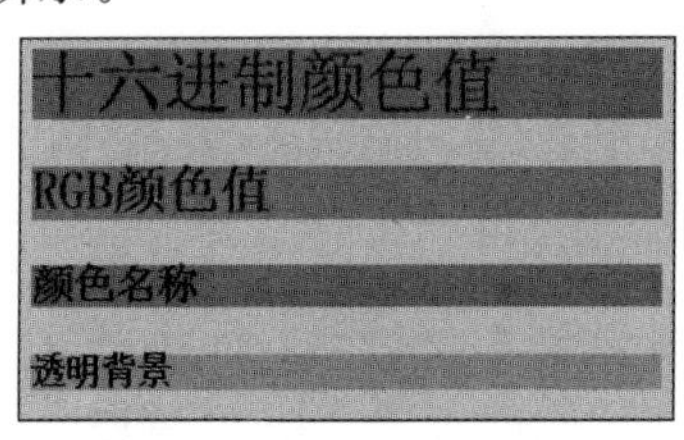

图 4-3　背景颜色赋值方式效果

三、背景图像

背景图像包括背景图像、背景图像重复、背景图像位置和背景图像固定方式等属性，其语法格式如下：

- 插入背景图像：选择器{background-image:url(背景图像的路径和名称);}
- 设置背景图像重复方式：选择器{background-repeat:值;}
- 设置背景图像位置：选择器{background-position:值;}
- 设置背景图像固定方式：选择器{background-attachment:值;}

1. 插入背景图像

插入背景图像属性为 background-image，其值为 url(背景图像的路径和名称)，背景图像路径可以为相对路径，也可以为绝对路径，图像格式常有 gif、jpg(jpeg)和 png。

2. 设置背景图像重复方式

设置背景图像重复方式属性为 background-repeat，其重复方式有水平垂直方向重复、水平方向重复、垂直方向重复和不重复，其值见表 4-2。

表 4-2　背景图像重复方式

属性	值类型	说明
background-repeat	repeat	默认值，背景图像水平垂直方向重复
	repeat-x	背景图像水平方向重复
	repeat-y	背景图像垂直方向重复
	no-repeat	背景图像不重复

下面来学习背景图像重复的使用，如[例 4-2]所示。

[例 4-2] 对 id 为“content”的 div 插入背景图像，并设置其不重复。

```
1 <head>
2 <style>
3 #content{
```

```
4       border:2px solid #000FFF;              /* 设置宽度为 2 像素、蓝色、实线边框 */
5       height:500px;                          /* 设置高度为 500 像素 */
6       background-image:url(images/bg1.gif);  /* 插入背景图像 */
7       background-repeat:no-repeat;           /* 设置背景图像不重复 */
8  }
9  </style>
10 </head>
11 <body>
12 <div id="content">
13 </div>
14 </body>
```

在上述代码中，第 6 行代码设置插入背景图像，第 7 行代码设置背景图像不重复，运行代码，显示效果如图 4-4(a)所示。把背景图像重复方式改为水平方向重复，即修改第 7 行代码为：“background-repeat:repeat-x;”，显示效果如图 4-4(b)所示。把背景图像重复方式改为垂直方向重复，即修改第 7 行代码为：“background-repeat:repeat-y;”，显示效果如图 4-4(c)所示。

(a)不重复

(b)水平方向重复

(c)垂直方向重复

图 4-4　背景图像重复方式

3. 设置背景图像位置

设置背景图像位置属性为 background-position，该属性仅当背景图像不重复时才有效果。背景图像位置属性值有多种形式，各自含义见表 4-3。

表 4-3　背景图像位置赋值含义

属性	值类型	说明
background-position	top、center、bottom || left、center、right	位置名称表示，X 轴有 left、center、right，Y 轴有 top、center、bottom。如 top left 表示从所在元素左上端铺开；top center 表示从所在元素顶端中间铺开
	x%　y%	百分比。从所在元素的 X 轴的 x%，Y 轴的 y% 位置铺开。左上角为 0%　0%；右下角为 100%　100%
	x　y	具体数值。从所在元素的 X 轴的 x 值，Y 轴的 y 值开始铺开。左上角为 0　0

下面来学习背景图像位置的使用，如[例 4-3]所示。

[例 4-3] 设置背景图像位置。

```
1  <head>
2  <title>背景图像位置</title>
3  <style>
4  #content{
5       border:2px solid #000FFF;                /*设置宽度为2像素、蓝色、实线边框*/
6       height:500px;                            /*设置高度为500像素*/
7       background-image:url(images/bg1.gif);    /*插入背景图像*/
8       background-repeat:no-repeat;             /*背景图像不重复*/
9       background-position:left top;            /*设置背景图像位置为左上角(默认)*/}
10 </style>
11 </head>
12 <body>
13 <div id="content">
14 </div>
15 </body>
```

运行代码，效果如图 4-4(a)所示。

因背景图像的默认位置为左上角，所以例 4-2 和例 4-3 的显示效果是一样。

现将背景图像位置改为顶部中间位置，即把第 9 行代码修改为："background-position:center top;"，其显示效果如图 4-5(a)所示。

现将背景图像位置改为中间位置，即把第 9 行代码修改为："background-position:center center;"，其显示效果如图 4-5(b)所示。

现将背景图像位置改为右下角，即把第 9 行代码修改为："background-position:right bottom;"或者"background-position:100% 100%;"或者"background-position:100% 200px;"，其显示效果如图 4-5(c)所示。

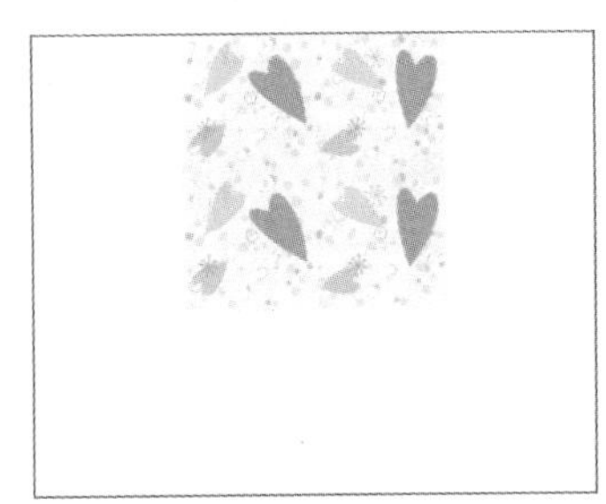

(a) 位置顶部中间

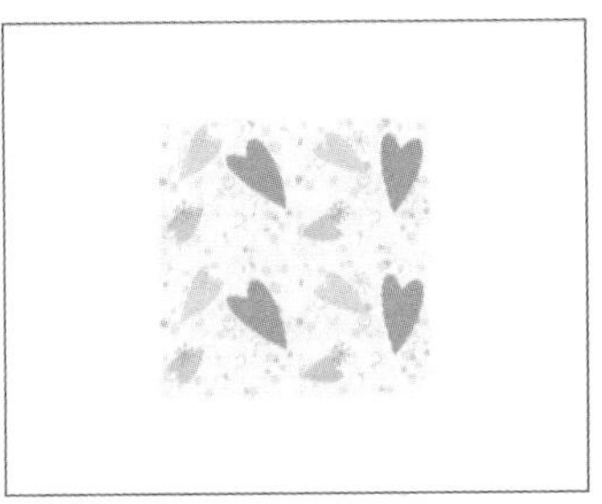

(b) 位置中间

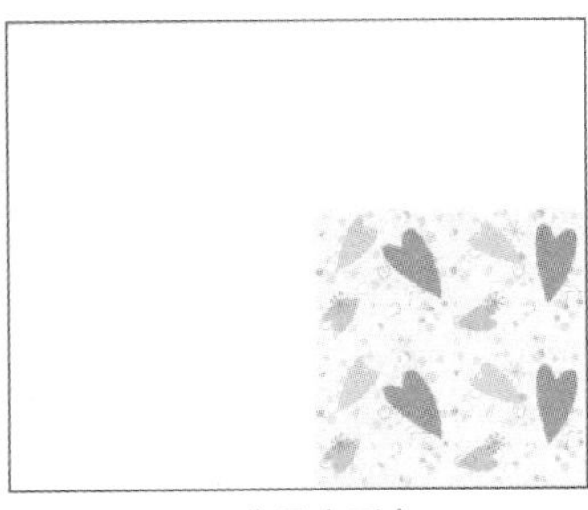

(c) 位置右下角

图 4-5　背景图像位置

4. 设置背景图像固定方式

设置背景图像固定方式属性是 background-attachment。用户在浏览网页时，常遇到网页内容非常多，页面非常长，向下滚动网页时背景图像也会随之滚动的情况。当网页超过背景图像的高度时，背景图像就会消失，为了解决这个问题可以将背景图像固定。背景图像固定的属性设置见表 4-4。

表 4-4　　背景图像固定方式

属性	值类型	说明
background-attachment	scroll	滚动，背景图像随网页滚动而滚动（默认值）
	fixed	固定，背景图像不会随网页滚动而滚动

5. 背景样式综合属性(background)

背景样式综合属性包括背景颜色、背景图像(插入图像、重复方式、位置和固定方式)，每个属性值之间用空格隔开，在 CSS3 中背景样式综合属性为 background。

语法格式：

```
选择器{background:background-color background-image background-repeat background-position background-attachment;}
```

例如：

```
background-color:#F00;                        /*设置红色背景颜色*/
background-image:url(images/bg1.gif);         /*插入背景图像*/
background-repeat:no-repeat;                  /*背景图像不重复*/
background-position:30px 30px;                /*设置背景图像位置*/
background-attachment:fixed;                  /*设置背景图像固定方式*/
```

以上代码等价于：

```
background:#F00 url(images/bg1.gif) no-repeat 30px 30px fixed;
```

任务实现

1. 结构分析

在网页中插入背景图像，设置<body>标签的 background 属性，并让背景图像水平方向重复。

2. 制作 HTML 页面结构

(1)打开“intro.html”文件，在<head></head>标签对里添加代码，代码如下：

```
1  <head>
2  ……
3  <style type="text/css" >
4  </style>
5  </head>
```

(2)在<body></body>标签对里修改部分代码，代码如下：

```
1  <h1>学校概况</h1>
2  <p>版权所有 CopyRight&copy;2005-2014 新城实验小学<br/>
   联系电话:0552-3170000      
   邮箱:<a href="mailto:123456@qq.com">123456@qq.com</a></p>
```

3. 定义 CSS 样式

在<style></style>标签对里，根据上面的结构分析添加 CSS3 代码，代码如下：

```
1  body{background:url(images/bg.jpg) repeat-x;}
```

任务二 使用CSS3设计文字效果

任务情境

使用CSS3设计文字效果

浏览“学校概况”页面时，可以看到该页面内容以文字、段落、项目列表的形式展示。观察页面中文本的显示效果，思考如何对网页中的文本、段落进行样式设计，使网页内容层次更加清晰，网页效果如图4-6所示。

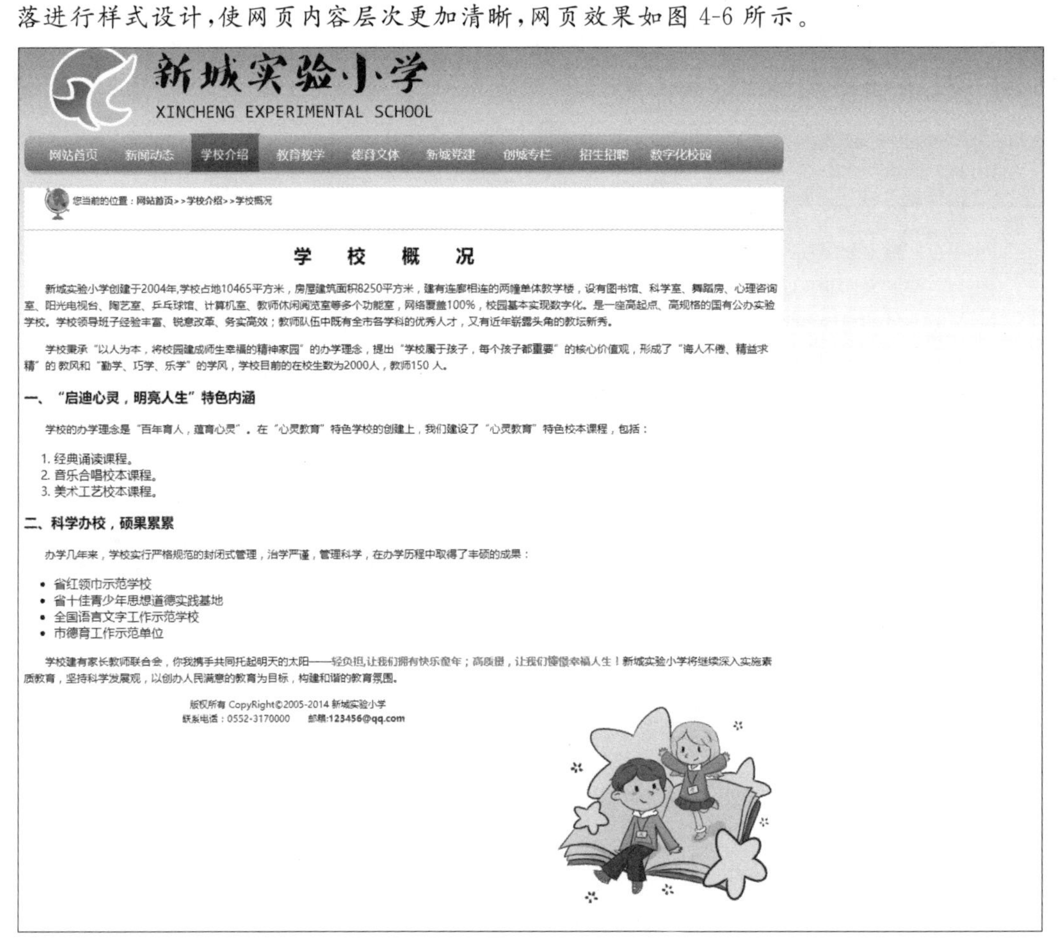

图4-6 “学校概况”页面效果

任务分析

“学校概况”页面是浏览者了解学校情况的主要渠道，其中包含大量的文本信息，如果只使用默认样式，会让网页显得呆板。本任务将运用文字、段落样式设计文本的显示效果，增加网页的可读性和美观性。

知识准备

一、容器标签

在 HTML 中，<div></div>和<span></span>标签对都是容器，它们可以容纳网页中的其他元素，如文字、图像、表格及自己（嵌套），例如，<div>文本、图像</div>。我们可以通过 CSS3 样式对<div>和<span>标签设置，进而设计其内部元素效果。

但<div>和<span>标签有很大区别：<div>标签为块状元素，独立占用一行，类似前面介绍的标题标签；<span>标签为行内元素，不影响其他元素。这两个标签同为容器，但效果不同，<div>标签可以比喻为一个盒装容器，<span>标签可以比喻为一个口袋容器。

二、块状元素和行内元素

块状元素有自身结构，独占一行。常见的块状元素有：<h(*n*)></h(*n*)>、<div></div>、<p></p>、<ul></ul>、<li></li>、<ol></ol>、<form></form>等。

行内元素没有自身结构，当超过其父元素宽度时才换行，常用行内元素有：<a></a>、<span></span>、<img/>、<input/>等。行内元素还有以下几个特点：

- 设置宽度(width)无效。
- 设置高度(height)无效，但设置行高(line-height)有效。
- 设置外边距(margin)上、下无效，左、右有效。
- 设置内边距(padding)上、下无效，左、右有效。

块状元素和行内元素可以通过 CSS3 的 display 属性转换。如：{display:block;}把行内元素转化为块状对象，该元素就拥有块状对象属性；{display:inline-block;}把块状元素转化行内对象，该元素就拥有行内元素属性。

三、HTML5 语义化结构标签

<div>标签没有真实的语义，所以很难从结构标签上区分，不利于搜索引擎优化和特殊阅读。在 HTML5 中所有的元素都是有结构的，且这些元素的作用与块状元素非常相似，常用的 HTML5 语义化结构标签见表 4-5。

表 4-5　常用的 HTML5 语义化结构标签

标签名	说明
<header>	表示页面中一个内容区块或整个页面的标题
<section>	页面中的一个内容区块，比如章节、页眉、页脚或页面的其他部分，可以和 h1、h2 等元素结合起来使用，表示文档结构
<article>	表示页面中一块与上下文不相关的独立内容，比如一篇文章

（续表）

标签名	说明
<aside>	表示<article>标签内容之外的、与<article>标签内容相关的辅助信息。可用作文章的侧栏
<hgroup>	表示对整个页面或页面中的一个内容区块的标题进行组合
<figure>	表示一段独立的流内容，一般表示文档主体流内容中的一个独立单元
<figcaption>	定义<figure>标签的标题
<nav>	表示页面中导航链接的部分
<footer>	表示整个页面或页面中一个内容区块的脚注。一般来说，它包含创作者的姓名、创作日期以及创作者的联系信息

四、字体样式

字体样式包括文字字体、字体尺寸、字体粗细、字体风格、字体变体等，其 CSS3 样式属性如下：

- 文字字体：font-family
- 字体尺寸：font-size
- 字体粗细：font-weight
- 字体风格：font-style
- 字体变体：font-variant
- 综合字体属性：font

1. 文字字体属性 font-family

语法格式：

```
font-family:字体 1,字体 2,字体 3;
```

例如：

```
p{font-family:"Times New Roman","宋体","微软雅黑","楷体";}
```

上述代码中，同时设置段落字体类型有“Times New Roman”“宋体”“微软雅黑”“楷体”四种，浏览器解析时先找“Times New Roman”字体，若电脑中没有该字体，接着找“宋体”，若也没有宋体，接着找“微软雅黑”，若有微软雅黑字体，该段落就使用微软雅黑，若没有，再找“楷体”。若以上四个字体都没有找到，该段落会显示计算机自己默认的字体。

说明：通常推荐字体有黑体、宋体、微软雅黑、Arial、Helvetica、sans-serif。

2. 字体尺寸属性 font-size

语法格式：

```
font-size:相对值|绝对值;
```

例如：

```
p{font-size:12px;}            /* 设置字体大小为 12 像素 */
```

具体值见表 4-6。

表 4-6 字体大小

属性	值类型	说明
font-size	绝对值	如 16 in(英寸)、16 cm(厘米)、16 mm(毫米)、16 pt(点,印刷点数)、16 pc(pica,1 pc=12 pt)
	相对值	px(像素)、%(百分比,以父对象为参照)、em(字,以父元素的倍数来定义字体大小)

3. 字体粗细属性 font-weight

语法格式：

font-weight:值;

例如：

p{font-weight:bold;}　　　　/* 设置文字加粗显示 */

具体值见表 4-7。

表 4-7 字体粗细

属性	值类型	说明
font-weight	normal	默认,正常粗细
	number	数字 100～900,9 级加粗度,100 对应最细,900 对应最粗。400 等价于 normal,700 等价于 bold
	lighter	细体
	bold	粗体
	bolder	加粗体

4. 字体风格属性 font-style

语法格式：

font-style:值;

例如：

p{font-style:italic;}　　/* 设置文字倾斜显示 */

具体值见表 4-8。

表 4-8 字体风格

属性	值类型	说明
font-style	normal	默认,正常显示
	italic	斜体显示
	oblique	倾斜显示

5. 字体变体属性 font-variant

语法格式：

font-variant:值;

例如：

p{font-variant:small-caps;}　/* 设置小型大写字母的字体显示 */

具体值见表 4-9。

表 4-9　　字体变体

属性	值类型	说明
font-variant	normal	默认,正常显示
	small-caps	小型大写字母的字体

下面来学习字体样式属性的使用,如[例 4-4]所示。

[例 4-4] 对以下三段文字设置不同字体样式。

```
1  <head>
2  <title>字体样式</title>
3  <meta charset="UTF-8"/>
4  <style>
5  .s1{
6      font-family:"arial","verdana";
7      font-size:150%;
8      font-weight:bold;
9  }
10 .s2{
11     font-family:"ncursive";
12     font-size:12px;
13 }
14 strong{
15     font-variant:small-caps;
16     font-weight:normal;
17 }
18 .s3{
19     font-family:"黑体";
20     font-size:14pt;
21     font-style:italic;
22 }
23 </style>
24 </head>
25 <body>
26 <p class="s1">This is english <strong>paragraph</strong></p>
27 <p class="s2">This is english paragraph</p>
28 <p class="s3">中文文本样式</p>
29 </body>
```

运行代码,效果如图 4-7 所示。

6. 综合字体属性 font

语法格式:

```
font:color font-family font-size font-weight font-style font-variant;
```

This is english PARAGRAPH

This is english paragraph

中文文本样式

图 4-7　字体样式属性效果

例如：

```
p{
    font-family:"宋体","微软雅黑";
    font-size:18px;
    font-weight:bold;
    font-style:italic;
    font-variant:small-caps;
}
```

上面的代码等价于如下代码：

```
p{font:"宋体","微软雅黑" 18px bold italic small-caps;}
```

font 属性为字体综合属性，以上代码设置字体类型为“宋体”，“微软雅黑”，大小为 18 像素、加粗、斜体、小型大写字母格式。

五、文本样式

使用文本样式属性可以改变文本的颜色，增加或减少文本中的字符间距，对齐文本，修饰文本，对文本中的首行进行缩进等，CSS3 属性如下所示。

- 文本颜色：color
- 文本元素对齐方式：text-align
- 向文本添加修饰：text-decoration
- 设置文本首行缩进：text-indent
- 设置行高：line-height
- 设置字符间距：letter-spacing
- 设置字间距：word-spacing
- 控制文本的大小写：text-transform

1. 文本颜色属性 color

语法格式：

```
color:值;
```

其值有颜色名称 | 十六进制 | RGB 值 | 透明值，其值与背景颜色值相同，具体值见表 4-1。

例如：

```
p{color:red;}        /*设置段落文本颜色为红色*/
```

2. 文本元素对齐方式属性 text-align

语法格式：

text-align:left|center|right|justify;

例如：

p{text-align:center;}　　　/* 设置段落居中对齐 */

文本元素默认对齐方式为左对齐，其值见表 4-10。

表 4-10　　文本元素对齐方式

属性	值类型	说明
text-align	left	左对齐，默认值
	right	右对齐
	center	居中对齐
	justify	两端对齐

3. 向文本添加修饰属性 text-decoration

语法格式：

text-decoration:值;

设置文本修饰效果，其值见表 4-11，效果如图 4-8 所示。

例如：

p{text-decoration:underline;}　　　/* 设置文字有下划线 */

表 4-11　　文本修饰

属性	值类型	说明
text-decoration	none	默认，无修饰
	underline	文本下的一条线
	overline	文本上的一条线
	line-through	穿过文本的一条线

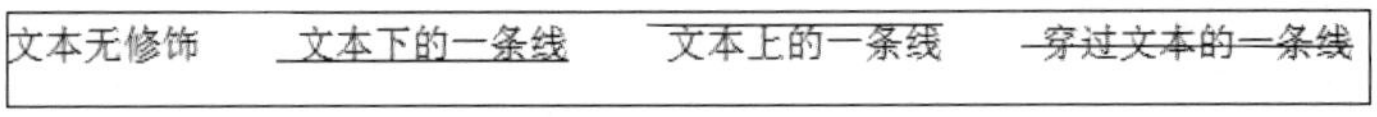

文本无修饰　文本下的一条线　文本上的一条线　穿过文本的一条线

图 4-8　文本修饰 text-decoration 效果

4. 设置文本首行缩进属性 text-indent

语法格式：

text-indent:值;

设置文本的首行缩进效果，其值见表 4-12。

表 4-12　　元素中文本的首行缩进

属性	值类型	说明
text-indent	length	定义固定的缩进。默认值:0
	%	定义基于父元素宽度的百分比的缩进

例如：

```
p{text-indent:2em; }            /*设置段落首行缩进 2 个字符*/
p{text-indent:15px; }           /*设置段落首行缩进 15 像素*/
p{text-indent:-15px; }          /*设置段落首行缩进-15 像素,即达到突出效果*/
```

5. 设置行高属性 line-height

语法格式：

```
line-height:值;
```

具体值见表 4-13。

表 4-13　行高

属性	值类型	说明
line-height	normal	默认,默认的行间距
	length	设置固定的行间距
	%	基于当前字体尺寸的百分比的行间距

例如：

```
p{line-height:1.5; }     /*设置段落行高为当前字体尺寸的 1.5 倍*/
```

6. 设置字符间距属性 letter-spacing

语法格式：

```
letter-spacing:length;
```

该属性设置字符之间的距离,默认值为正常,也可以设一个具体的值,可为正、负值,负值即字符之间距离变窄。

例如：

```
p{letter-spacing:2em; }     /*设置字符之间距离为 2 em*/
```

7. 设置字间距属性 word-spacing

语法格式：

```
word-spacing:length;
```

该属性设置字之间的距离,默认值为正常,也可以设一个具体的值,可为正、负值,负值即字之间距离变窄。

例如：

```
p{word-spacing:2em; }     /*设置字之间距离为 2 em*/
```

8. 控制文本的大小写属性 text-transform

语法格式：

```
text-transform:值;
```

其值见表 4-14。

表 4-14　控制文本的大小写

属性	值类型	说明
text-transform	none	默认,定义带有小写字母和大写字母的标准的文本
	capitalize	文本中的每个单词以大写字母开头
	uppercase	定义仅有大写字母
	lowercase	定义无大写字母,仅有小写字母

例如：

p{text-transform:uppercase;}　　/*设置所有字母都为大写*/

下面来学习文本样式属性的使用，如[例4-5]所示。

[例 4-5] 对下面一段文本进行美化。

```
1  <head>
2  <meta charset="UTF-8">
3  <title>文本美化</title>
4  <style>
5  h1{
6      text-align:center;
7      letter-spacing:2em;
8  }
9  h2{
10     text-align:center;
11     word-spacing:2em;
12     text-transform:capitalize;
13 }
14 .s0{
15     font-weight:bold;
16     line-height:60%;
17 }
18 .s1{
19     text-align:right;
20     font-size:12px;
21     font-weight:bold;
22 }
23 .s2{
24     text-align:center;
25 }
26 .s3{
27     text-indent:2em;
28     line-height:200%;
29 }
30 </style>
31 </head>
32 <body>
33 <h1>春  晓</h1>
34 <p class="s1">作者:孟浩然</p>
35 <p class="s2">春眠不觉晓,处处闻啼鸟。<br/>
36 夜来风雨声,花落知多少。</p>
37 <p class="s0">注释</p>
```

```
38 <p>1.春晓:春天的早晨。</p>
39 <p><strong>译文:</strong>
40 春意绵绵好睡觉,不知不觉天亮了;<br/>
41 猛然一觉惊醒来,到处是鸟儿啼叫。<br/>
42 夜里迷迷糊糊,似乎有沙沙风雨声;<br/>
43 风雨风雨,花儿不知吹落了多少? </p>
44 <p class="s0">赏析</p>
45 <p class="s3">这是一……</p>
46 <hr/>
47 <p class="s0">英文版</p>
48 <h2>Dawn of Spring</h2>
49 <p class="s2">
50 I wake up at the dawn of Spring,<br/>
51 And hear the birds ev'rywhere sing. <br/>
52 As sounded the wind and rain o'ernight,<br/>
53 I wonder how many blooms alight. </p>
54 </body>
```

运行代码,效果如图 4-9 所示。

图 4-9　文本美化效果

任务实现

1. 结构分析

“新城概况”分为三大块:头部、中间内容和版权区域,其中中间内容区域包括位置导航、正文标题、正文信息。头部区域的设计在后面章节会详细介绍,此处用图像替代。中间内容区域设计如下:位置导航用段落标签(<p>)布局,正文标题用标题 1 标签(<h1>)布局,正文信息用段落标签(<p>)和<h3>标签(一、二、三等标题)布局,利用 CSS3 样式对<h1>、<h3>、<p>等标签美化。版权区域用<p>标签布局。

2. 制作HTML页面结构

打开“intro.html”文件，根据上面的结构分析，在<body>标签内添加代码，代码如下：

```
1 <header>
2 <img src="images/header.png" width="1000" height="166"/>
3 </header>
4 <div class="all">
5 <p class="dh"><a href="http://www.baidu.com"><img src="images/icon1.png"
  align="middle" /></a>您当前的位置：<a href="../index.html">网站首页</a>&gt;
  &gt;<a href="#">学校介绍</a>&gt;&gt;学校概况</p>
6 <hr color="#BFD2E1"/>
7 <h1>学校概况</h1>
8 <p>新城实验小学……</p>
9 <p>学校秉承……</p>
10 <h3>一、“启迪心灵，明亮人生”特色内涵</h3>
11 <p>学校……</p>
12 <ol>
13     <li>经典诵读课程。</li>
14     <li>音乐合唱校本课程。</li>
15     <li>美术工艺校本课程。</li>
16 </ol>
17 <h3>二、科学办校，硕果累累</h3>
18 <p>办学几……</p>
19 <ul>
20     <li>省红领巾示范学校</li>
21     <li>省青少年思想道德实践基地</li>
22     <li>全国语言文字工作示范学校</li>
23     <li>市德育工作示范单位</li>
24 </ul>
25 <p>学校建有家长教师联合会，你我携手共同托起明天的太阳——<strong>轻负担，让我们
  拥有快乐童年；高质量，让我们憧憬幸福人生！</strong>…</p>
26 <img src="images/foot_img.png" title="好好学习，天天向上" width="300" align="right"/>
27 <p class="cr">版权所有 CopyRight&copy;2005-2014 新城实验小学<br/>
28 联系电话：0552-3170000      邮箱：123456@qq.
  com</p></div>
```

3. 设计CSS样式

继续在<style></style>标签对里添加CSS3代码，代码如下：

(1)设置内容区的宽度为1 000像素，白色背景。

```
1 .all{
2     width:1000px;                /*宽度*/
3     background-color:#FFF;       /*背景颜色*/
4 }
```

(2)设置“新城概况”标题(h1)的样式。

```
1  h1{
2      font-size:150%;           /*字体大小*/
3      letter-spacing:2em;
4      text-align:center;        /*文字居中*/
5  }
```

(3)设置“科学办校,硕果累累”标题(h3)的样式。

```
1  h3{font-size:18px;            /*字体大小*/}
```

(4)设置正文所有段落(p)的样式。

```
1  .all p{font-size:14px;   /*字体大小*/
2      line-height:1.5;/*行高*/
3      text-indent:2em;    /*首行缩进2个字符*/
4  }
```

(5)设置位置导航样式(p)“您当前位置:网站首页》学校介绍》学校概况”的样式。

```
1  p.dh{
2      font-size:12px;
3  }
4  a{
5      text-decoration: none;
6      font-weight: bold;
7  }
```

(6)突显“轻负担,让我们拥有快乐童年;高质量,让我们憧憬幸福人生!”的样式。

```
1  p strong{
2      font-weight:bold;/*字体加粗*/
3      color:#F00;    /*字体颜色*/
4  }
```

(7)设置版权区域样式。

```
1  p.cr{
2      text-indent: 0;
3      text-align: center;
4      font-size:12px;
5  }
```

任务三　使用 CSS3 设置列表样式

任务情境

在浏览网页时,在新闻列表板块经常看到列表元素前面出现的不是圆点而是一张小图标图像。在 HTML5 中可通过 type 属性设置项目列表的符号类型,同样的效果也可以通过列表 CSS3 属性设置,且利用 CSS3 设计的项目列表的符号类型更丰富,如将小图标设计为项目列表的符号类型。设计“学习概况”页面项目列表的图像符号，效果如图 4-10 所示。

二、科学办校，硕果累累

办学几年来，学校实行严格规范的封闭式管理，治学严谨，管理科学，在办学历程中取得了丰硕的成果：

- 省红领巾示范学校
- 省十佳青少年思想道德实践基地
- 全国语言文字工作示范学校
- 市德育工作示范单位

图 4-10　项目列表图像符号效果

任务分析

使用 CSS3 设置列表样式

项目列表可用于导航设计，如果只使用项目列表默认样式，会让网页显得呆板。本任务将运用背景美化项目列表，增加网页美观性。

知识准备

一、项目列表 CSS3 属性

在 CSS3 中无序列表和有序列表的列表符号类型设计都可以通过 CSS3 中的 list-style 属性实现，其属性如下所示。

- 列表符号：list-style-type
- 图像符号：list-style-image
- 列表符号位置：list-style-position
- 项目列表综合属性：list-style

1. 设置列表符号

项目列表符号可以用 HTML5 的 type 属性设置，也可以通过 CSS3 的 list-style-type 样式属性设置。

语法格式：

{list-style-type:值;}

具体值见表 4-15。

表 4-15　　列表符号

属性	值类型	说明
list-style-type	none	无标记
	disc	默认，标记是实心圆
	circle	标记是空心圆
	square	标记是实心方块
	decimal	标记是数字
	decimal-leading-zero	0 开头的数字标记(01,02,03,04,05 等)

（续表）

属性	值类型	说明
list-style-type	lower-roman	小写罗马数字（ⅰ，ⅱ，ⅲ，ⅳ，ⅴ等）
	upper-roman	大写罗马数字（Ⅰ，Ⅱ，Ⅲ，Ⅳ，Ⅴ等）
	lower-alpha	小写英文字母（a，b，c，d，e 等）

2. 使用图像符号

项目列表可以通过列表符号来修饰，也可以通过图像符号设置，且图像符号更加美观。

语法格式：

{list-style-image：url(图像路径\图像名称)；}

3. 调整列表符号位置

调整列表符号位置主要用于设置列表符号的缩进。

语法格式：

{list-style-position：值；}

具体值见表 4-16。

表 4-16 列表符号位置设置

属性	值类型	说明
list-style-position	outside	默认值，列表符号不向内缩进
	inside	列表符号向内缩进

4. 设置项目列表综合属性

项目列表综合属性 list-style 定义列表符号、列表图像符号和列表符号位置。

语法格式：

{list-style：list-style-type list-style-image list-style-position；}

例如：

```
ul{list-style-image：url(images/play1. png)；
list-style-position：outside；}
```

上面代码等价于：

```
ul{list-style：url(images/play1. png)   outside；}
```

下面来学习项目列表 CSS3 属性的使用，如[例 4-6]所示。

[例 4-6] 为下面有序列表和无序列表设置列表符号。

```
1 <head>
2 <meta charset="UTF-8" />
3 <title>有序列表和无序列表设置列表符号</title>
4 <style>
5 ul li{
6       list-style-type：circle；
7       list-style-position：outside；
8 }
```

```
9  ol li {
10        list-style-type: none;
11        list-style-position:inside;
12  }
13  . one{list-style-image: url(one. png);}
14  . two{list-style-image:url(two. png);}
15  . three{list-style-image:url(three. png);}
16  </style>
17  </head>
18  <body>
19  <ul>
20        <li>学校概况</li>
21        <li>党政领导</li>
22        <li>组织机构</li>
23        <li>校园风采</li>
24  </ul>
25  <ol>
26        <li class="one">一年级</li>
27        <li class="two">二年级</li>
28        <li class="three">三年级</li>
29  </ol>
30  </body>
```

在上述代码中，第 6 行代码设置了项目列表符号为圆圈，第 7 行代码设置了列表符号不向内缩进，第 10 代码清除项目列表默认的项目符号，第 11 行代码设置了列表符号向内缩进，第 13～15 行代码分别设置了使用 one. png、two. png、three. png 图像为项目列表符号。

运行代码，效果如图 4-11 所示。

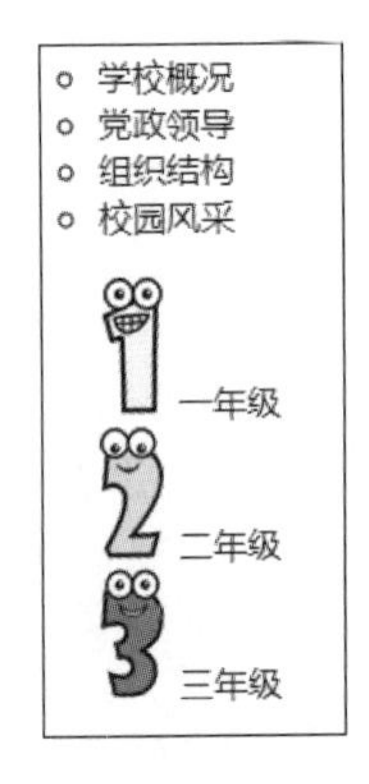

图 4-11　有序列表、无序列表项目列表符号设置

在 CSS3 中也可以通过 list-style-type 属性设置项目列表种类，且还有 list-style-image 属性定义项目列表的图像符号，但以上的属性设置往往都不能满足网页丰富的需求，设计网页过程中经常设置列表项目背景，从而达到客户所需求的效果。

【例 4-7】 设置列表项目背景。

```
1 <html>
2 <head>
3 <meta charset="UTF-8" />
4 <title>设置项目列表背景</title>
5 <style>
6 ul,li{margin:0px; padding:0px; list-style:none;}
7 ul{ width:200px;padding:10px; background-color:#D2D9E1; }
8 li{text-align:center; height:39px; line-height:30px; font-weight:bold;}
9 .s1{background:url(images/1.png) no-repeat;}
10 .s2{background:url(images/2.png) no-repeat;}
11 .s3{background:url(images/3.png) no-repeat;}
12 .s4{background:url(images/4.png) no-repeat;}
13 </style>
14 </head>
15 <body>
16 <ul>
17     <li class="s1">学校概况</li>
18     <li class="s2">党政领导</li>
19     <li class="s3">组织结构</li>
20     <li class="s4">校园风采</li>
21 </ul>
22 </body>
23 </html>
```

在上述代码中，第 9～12 行代码分别给每个 li 元素添加背景。

任务实现

设计 CSS 样式

打开“intro.html”文件，在<style></style>标签对里添加如下代码：

```
1 ul li{ list-style:none url(images/play1.png) inside;
/*清除默认符号，使用图像符号，列表符号向内缩进*/}
```

经验指导

1. 清除网页中默认的内、外边距

网页中很多元素都存在默认的内、外边距，如 ul、ol、li 等元素，我们可以设计一个通配符 *，编写代码 *{margin:0;padding:0}一次性将所有元素的内、外边距清除。

2. 网页背景应用

为了提高网页打开速度，常把网页涉及的多个小图标放在一个图像中，然后利用背景图像位置属性来控制显示所需的小图标。

项目总结

通过本项目的学习，学生能够理解背景的概念，掌握背景、文字、段落、项目列表的CSS3的属性设置，能够灵活运用背景、文字、项目列表设计网页元素。

拓展训练

训练1：美化“海南旅游”新闻中心页面

任务要求：

设计相关CSS3样式，在“海南旅游网”新闻中心页面结构页的基础上对该页面进行美化，其效果如图4-12所示。

海 口 推 出 5 条 精 品 旅 游 新 线 路　助 兴 海 南 欢 乐 节

来源:海南日报　阅读次数:10　时间:2016-12-08 15:53:39

为打造全民同欢的主会场，继续为2016海南国际旅游岛欢乐节添彩助兴，日前海口市旅发委再推荐5条新的精品线路。**5条线路为：**

- 观澜湖明星之旅
- 火山文化之旅
- 人与自然之旅
- 老街文化之旅
- "最海口"美食之旅

这5条精品线路将冬季养生度假、时尚购物消费、生态与文化体验、美食与特色街区等元素囊括，为冬季来海口的游客创造一个放飞心情、感受本土文化、融入欢乐海口的机会。

线路一：观澜湖明星之旅

海口观澜湖**华谊冯小刚电影公社**（逛双街：穿越“民国”下“南洋”、明星星光大道寻找“爱豆”的手印）——**观澜湖新城**（异域美食＋国际购物＋兰桂坊酒吧＋泰迪熊博物馆）——**观澜湖高尔夫球场**（著名的黑石球场，曾举办观澜湖世界明星赛）——观澜湖火山温泉（冬季养生，亚洲第一大矿温泉泡个SPA）。

线路二：火山文化之旅

中国雷琼世界地质公园海口园区——石山镇：荣堂村、美社村；永兴镇：美孝村、冯塘村（徒步游火山古村落）——冯塘绿园（7大乡村景观体验及用餐）。海口的地理区位成就了多元城市文化，这里一半是海峡，一半是火山。除了拥有碧海蓝天、热带植被、特色街区等资源，海口的火山文化也令人称奇。

线路三：人与自然之旅

人与自然之旅行车观赏区(非洲狮、东北虎、黑熊等猛兽)——步行区(亚洲象、长颈鹿、鳄鱼、河马、百鸟园、亚洲第一大猴山、珍贵的狮虎兽）——火烈鸟餐厅（用餐）——海口红树林乡村旅游区。 人与自然之旅不仅是感受生态海口的好选择，也是欢乐亲子游的不二选择。

线路四：老街文化之旅

海口南洋骑楼老街风貌展示馆（了解骑楼基本文化历史）——国新书苑（选购一本喜爱的书）——中山路骑楼风情街（看建筑如大亚酒店、邱宅等，逛展示馆如南洋骑楼老街文化展示馆、文领馆、天后宫等）——自在咖啡、大亚咖啡厅（小资文艺咖啡店推荐首选）—— “双创”改造示范街巷（园内里、西门外、居仁坊感受新气象、寻味最本土美食）——东门市场、西门市场（购买海鲜干货）——夜游骑楼小吃街及周边（汇聚海南本土美食，晚上有烧烤、清补凉等美食）。寻溯城市的历史，感受时代变迁的悲喜。通过老街文化之旅漫游海口，也会有意外之喜哦！

线路五：“最海口”美食之旅

海口“吃”表现出四大特点：***新鲜、天然、奇特、丰富。*** 饕餮海南的真谛，在于领略清淡美食的鲜香，在于对原汁原味的尊重与品鉴。在原生态的海南，口腹之乐同样是一种返璞归真的体验。

（记者单憬岗 通讯员覃曼）

上一篇：无
下一篇：亚龙湾游艇会同日开业

图4-12　美化后的“海南旅游”新闻中心页面

具体要求：

1. 设置网页背景图像为“tui_bj.jpg”，位置在网页左端、底部，水平方向重复。
2. 设置网页主体部分为“宋体”，大小为14像素。

3. 设置标题“海口推出 5 条精品旅游新线路”“助兴海南欢乐节”字符间距为 0.5 个字符，字体为“黑体”。

4. 设置“来源：海南日报 阅读次数：10 时间：2018-12-08 15：53：39”字体大小为 12 像素，其中阅览次数为红色。

5. 设置正文所有段落为 1.5 倍行距，首行缩进 2 个字符。

6. 设置项目列表为图像符号 arr.jpg。

7. 设置超链接文本样式为无下划线，文本颜色为黑色。

8. 设置文本“华谊冯小刚电影公社”“观澜湖新城”“观澜湖高尔夫球场”加粗。

项目五

HTML5 布局
——新城实验小学“首页”设计

项目概述

首页是网站的入口，是通向各个页面的桥梁，同时也是企业对外展示形象的重要页面。新城实验小学的首页是该学校对外宣传的窗口，通过该页面家长可以了解该学校的一些基本情况及重要信息，如学校概况、新闻动态、通知公告、教育视频、校园风采等。本项目将详细介绍新城实验小学“首页”布局设计，对各个元素进行样式美化设计。其效果如图 5-1 所示。

图 5-1　新城实验小学“首页”效果

学习目标

1. 理解标准流的概念。
2. 理解盒模型的概念，掌握内、外边距的设置方法，并能灵活运用盒模型。
3. 掌握边框属性的语法及应用。
4. 掌握浮动的含义及语法，并能灵活运用其布局网页元素。
5. 掌握利用项目列表制作菜单导航。
6. 掌握相对定位和绝对定位的含义及语法，并能灵活运用其布局网页元素。
7. 掌握在网页中插入音频、视频和 Flash 动画的方法。

知识要求

知识要点	能力要求	关联知识
标准流	了解	无
盒模型	掌握	外边距、内边距、边框
CSS 布局	掌握	左浮动、右浮动、清除浮动、溢出
菜单导航	掌握	项目列表、浮动、圆角、渐变
二级菜单	掌握	相对定位、绝对定位、层叠顺序
多媒体元素	掌握	音频、视频、Flash 动画

任务一　设计首页整体布局

任务情境

设计首页整体布局（盒模型）

新城实验小学首页包含 Logo、菜单导航、新城概况、新闻动态/通知公告、教育视频和校园风采、版权等丰富的信息，如何布局这些信息，来实现首页整体布局呢？其效果如图 5-2 所示。

图 5-2　学校网站“首页”外框布局

任务分析

将首页分为头部、内容和版权三大区域，通过 HTML＋CSS3 设计首页布局。

知识准备

一、标准流布局

标准流是指浏览器按标签上下级顺序解析，从顶级父标签<html>标签开始，依次是<head>、<body>标签及其子标签，类似一棵树。

下面学习按标准流编写首页 HTML 结构，如[例 5-1]所示。

[例 5-1] 按标准流编写首页 HTML 结构。

```
1  <html>
2  <head>
3  <meta charset="UTF-8"/>
4  <meta name="keywords" content="小学,学校,新城,实验小学"/>
5  <title>新城实验小学</title>
6  </head>
7  <body>
8  <h1>头部</h1>
9  <img src="images/logo.png"/>
10 <ul>
11     <li>网站首页</li>
12     <li>学校介绍
13     <ul>
14         <li>学校概况</li>
15         <li>组织结构</li>
16         <li>校园风采</li>
17     </ul>
18     </li>
19 </ul>
20 <p>版权所有 CopyRight&copy;2005-2014 新城实验小学联系电话:
       0552-3170000  邮箱:123456@qq.com
21 </p>
22 </body>
23 </html>
```

例 5-1 中包含<html>、<head>、<meta>、<title>、<body>、<h1>、<img/>、<ul>、<li>、<a>和<p>标签，浏览器解析 HTML 代码规则是按标签的顺序解析的：从<html>标签开始，依次解析<head>、<body>标签及其内部标签。在标准流中每个元素都有自己的显示状态，行内元素(如<input/>、<span>、<a>、<img/>等标签)在水平方向会一个接一个排列，块状元素(如<div>、<h1>～<h6>、<p>、<ul>、<li>、<form>等标签)会独占一行。其网页浏览效果如图 5-3 所示，网页标准流解析顺序树如图 5-4 所示。

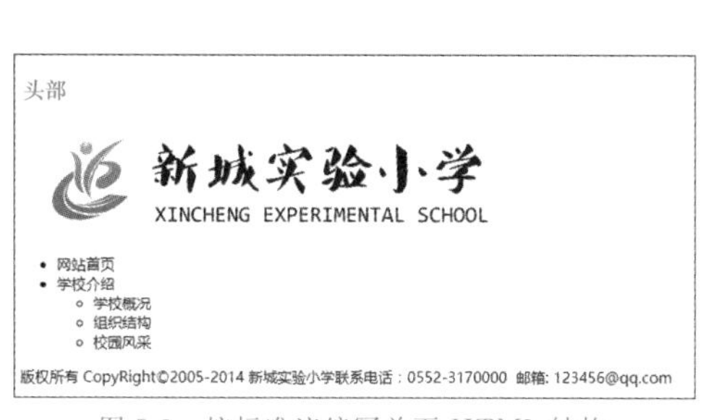

图 5-3 按标准流编写首页 HTML 结构

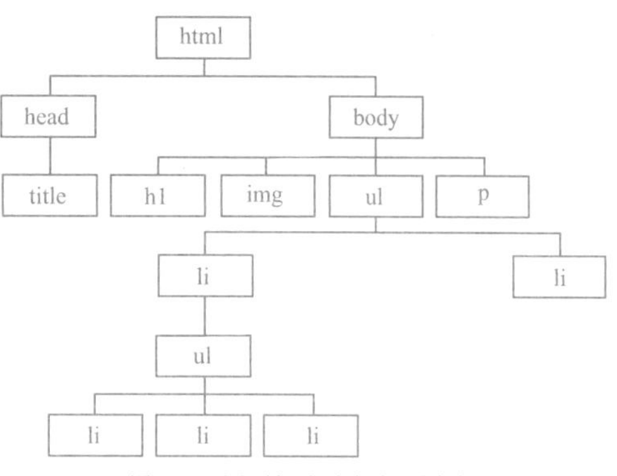

图 5-4 网页标准流解析顺序树

二、盒模型基础

网页中大部分元素可视为一个盒子，盒子的大小就是其在网页中所占的大小，这就是盒模型。盒模型由四个属性组成：外边距（margin）、边框（border）、内边距（padding）以及内容（content），如图 5-5 所示。

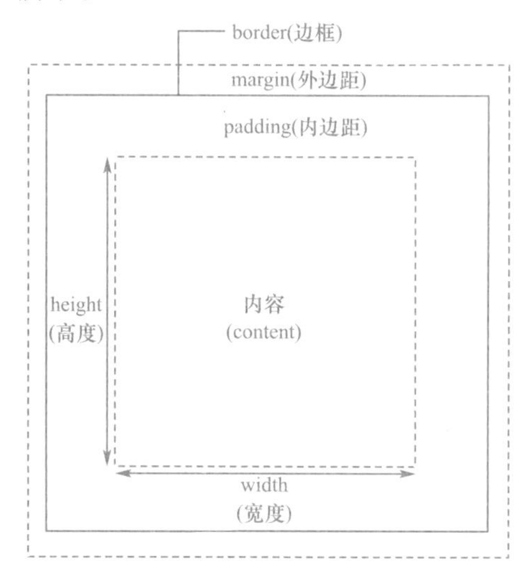

图 5-5 盒模型

盒模型的宽度＝左外边距＋左边框宽度＋左内边距＋宽度（width）＋右内边距＋右边框宽度＋右外边距。

盒模型的高度＝上边外距＋上边框宽度＋上内边距＋高度（height）＋下内边距＋下边框宽度＋下外边距。

1. 边框属性 border

在 CSS3 中，边框（border）是指围绕内容和内边距的线框，描述边框的属性有边框宽度、边框样式（实线、虚线等）和边框颜色，边框还是一个复合元素。CSS3 中边框（border）属性见表 5-1，语法格式如下所示。

- 上边框宽度、样式和颜色：border-top：border-width || border-style || border-color；

- 右边框宽度、样式和颜色：border-right：border-width || border-style || border-color；
- 下边框宽度、样式和颜色：border-bottom：border-width || border-style || border-color；
- 左边框宽度、样式和颜色：border-left：border-width || border-style || border-color；
- 四个边框宽度、样式和颜色：border：border-width || border-style || border-color；

边框的宽度、样式和颜色三个值之间用空格隔开。另外，边框宽度、样式和颜色赋值无先后顺序。

表 5-1　　CSS3 边框（border）属性表

属性	说明	可用值
border-width	设置边框的宽度	thin medium thick length
border-style	设置边框的样式	none hidden dotted dashed solid double groove ridge inset outset
border-color	设置边框的颜色	color-name color-rgb color-hex transparent

下面来学习边框属性的使用，如[例 5-2]所示。

[例 5-2] 给标题 1 设置不同类型的边框。

```
1  <head>
2  <meta charset="UTF-8"/>
3  <title>边框</title>
4  <style>
5  .s1{border:6px solid #F00;}          /*设置边框宽度为 6 像素，线型为实线，颜色为红色*/
6  .s2{border:6px solid #FF0;}          /*设置边框宽度为 6 像素，线型为实线，颜色为黄色*/
7  .s3{border:6px dashed #FF0;}         /*设置边框宽度为 6 像素，线型为虚线，颜色为黄色*/
8  .s4{border:6px dotted #F00;}         /*设置边框宽度为 6 像素，线型为点线，颜色为红色*/
9  .s5{border:6px double #F00;}         /*设置边框宽度为 6 像素，线型为双实线，颜色为红色*/
10 .s6{border:12px solid #F00;}         /*设置边框宽度为 12 像素，线型为实线，颜色为红色*/
11 .s7{border-top:6px dashed #F00;      /*设置上边框宽度为 6 像素，线型为虚线，颜色为红色*/
12 border-right:6px solid #F00;         /*设置右边框宽度为 6 像素，线型为实线，颜色为红色*/
13 border-bottom:thick double #F00;     /*设置下边框宽度为细线(thick)，线型为双实线，颜色为红色*/
14 border-left:12px inset #000;}        /*设置左边框宽度为 12 像素，线型为内线，颜色为黑色*/
```

```
15 </style>
16 </head>
17 <body>
18 <h1 class="s1">边框 1 样式</h1>
19 <h1 class="s2">边框 2 样式</h1>
20 <h1 class="s3">边框 3 样式</h1>
21 <h1 class="s4">边框 4 样式</h1>
22 <h1 class="s5">边框 5 样式</h1>
23 <h1 class="s6">边框 6 样式</h1>
24 <h1 class="s7">边框 7 样式</h1>
25 </body>
26 </html>
```

运行代码,效果如图 5-6 所示。

边框1样式

边框2样式

边框3样式

边框4样式

边框5样式

边框6样式

边框7样式

图 5-6　边框效果

例 5-2 中利用 CSS3 的 border 属性设置边框的颜色、宽度及线型,可见边框样式种类繁多。还可以设置四个边框为同一个样式,也可以设置每个边框不同样式,例如第 7 个 div 的四个边框样式属性各不相同。

2. 外边距属性 margin

在 CSS3 中,外边距(margin)是指该元素边框与相邻元素边框之间的距离。该属性主要设置元素与其他元素之间的距离,语法格式如下:

- 上外边距:margin-top:值;
- 右外边距:margin-right:值;
- 下外边距:margin-bottom:值;
- 左外边距:margin-left:值;
- 外边距:margin:值;[1 个、2 个、3 个或 4 个值]

margin 的值有 1 个、2 个、3 个或者 4 个属性值，它们的含义有所区别，具体含义如下：

(1)如果给出 1 个属性值，表示四个外边距的值为同一个值。

例如：h1{margin:20px;} 表示 h1 四个外边距都为 20 像素。

(2)如果给出 2 个属性值，前者表示上、下外边距的值，后者表示左、右外边距的值。

例如：h1{margin:20px 40px;} 表示 h1 上、下外边距为 20 像素，左、右外边距为 40 像素。

(3)如果给出 3 个属性值，前者表示上外边距的值，中间的数值表示左、右外边距的值，后者表示下外边距的值。

例如：h1{margin:20px 40px 60px;} 表示 h1 上外边距为 20 像素，左、右外边距为 40 像素，下外边距为 60 像素。

(4)如果给出 4 个属性值，依次表示上、右、下、左外边距的值，即按顺时针方向排序。

例如：h1{margin:20px 40px 60px 30px;} 表示 h1 上外边距为 20 像素、右外边距为 40 像素、下外边距为 60 像素、左外边距为 30 像素。

margin 值的形式。值的形式可分为百分比、固定值和 auto 三种。其赋值方式见表 5-2。

表 5-2　margin 值的形式

属性	值单位	示例
margin	百分比(基于父对象总高度或宽度的百分比)	{margin:80%}
	长度值(定义一个固定的边距)	{margin:20px}
	auto(浏览器设定的值)	{margin:auto}

下面来学习 margin 属性的使用，如[例 5-3]所示。

[例 5-3] 设计 5 个带边框的 div。

```
1  <head>
2  <meta charset="UTF-8"/>
3  <title>外边距</title>
4  <style>
5  .all{width:400px;                    /*宽度为 400 像素*/
6       height:300px;                   /*高度为 300 像素*/
7       border:2px solid #000;}         /*边框宽度为 2 像素、实线、黑色*/
8  .s1,.s2,.s3,.s4,.s5{
9       border:1px solid #F00;          /*边框宽度为 1 像素、实线、红色*/
10      height:40px;                    /*高度为 40 像素*/
11      width:200px;                    /*宽度为 200 像素*/
12      line-height:40px;}              /*行高为 40 像素*/
13 </style>
14 </head>
15 <body>
16 <div class="all">
17 <div class="s1">模块 1</div>
18 <div class="s2">模块 2</div>
```

```
19 <div class="s3">模块 3</div>
20 <div class="s4">模块 4</div>
21 <div class="s5">模块 5</div>
22 </div>
23 </body>
```

运行代码,效果如图 5-7 所示。

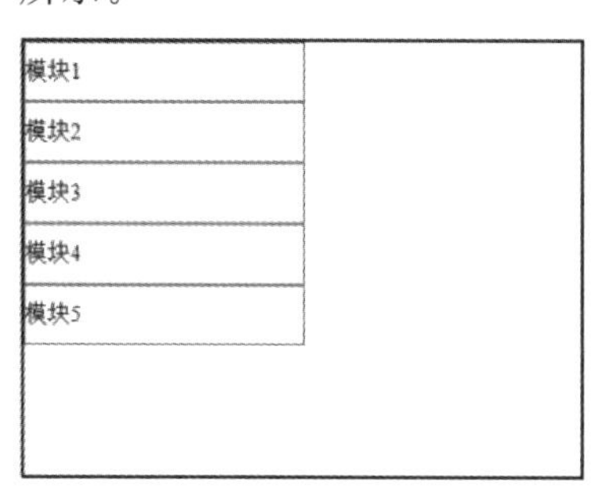

图 5-7　未设置外边距

例 5-3 中 class 名为 all 的 div 中嵌套了 5 个 div,这 5 个 div 按标准流紧密依次连接在一起,现通过设置其外边距让它们彼此产生间距,操作步骤如下:

(1)设置模块 2 的上、下外边距,让模块 2 与模块 1 和模块 3 在垂直方向有 10 像素间距,效果如图 5-8 所示,代码如下:

```
.s2{margin-top:10px;                /* 上外边距为 10 像素 */
margin-bottom:10px; }               /* 下外边距为 10 像素 */
```

(2)设置模块 4 的上、下、左、右外边距,让模块 4 与模块 3 和模块 5 在垂直方向有 10 像素间距,模块 4 的左、右外边距为自动,即左、右外边距相等。效果如图 5-9 所示,代码如下:

```
.s4{margin:10px auto;}/* 上、下外边距为 10 像素,左、右外边距为自动 */
```

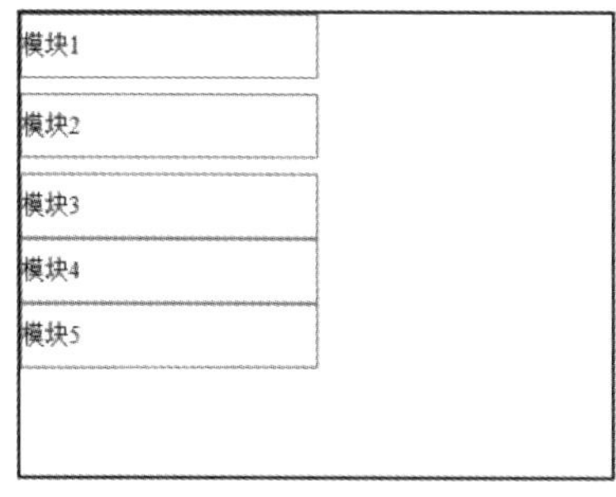

图 5-8　设置模块 2 上、下外边距

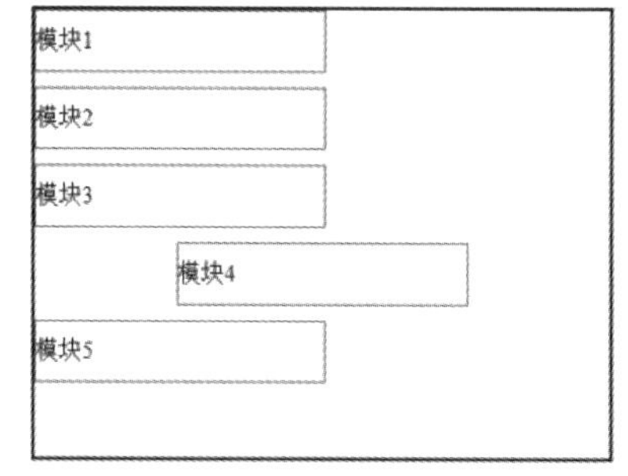

图 5-9　设置模块 4 上、下、左、右外边距

上例中模块 4 的左、右外边距为 auto,即它左外边距与右外边距相等,从而实现模块 4 在 all 中水平居中效果。

➲ 说明:利用设置块状元素 margin 左、右边距值为 auto(自动)实现该元素水平居中。

3. 盒模型——左、右外边距加倍问题

行内元素(例如 span)左、右外边距会加倍,即两个相连行内元素水平之间的距离是第一个行内元素的右外边距(margin-right)与第二个行内元素的左外边距(margin-left)之和,如图 5-10 所示。

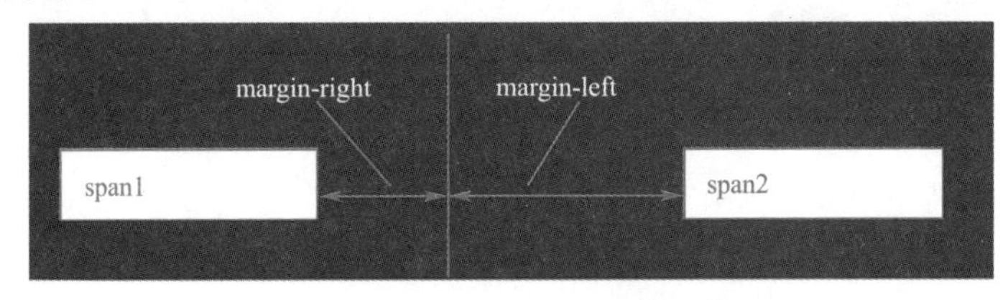

图 5-10 行内元素左、右外边距加倍

4. 盒模型——上、下外边距叠加

块状元素上、下外边距叠加,即相连两个块状元素垂直之间的距离是取第一个块状元素下外边距(margin-bottom)与第二个块状元素上外边距(margin-bottom)的最大值,如图 5-11 所示。

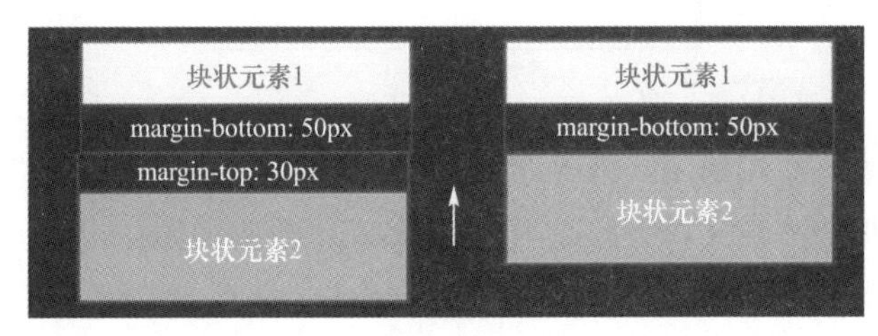

图 5-11 块状元素上、下外边距叠加

5. 内边距属性 padding

在 CSS3 中,内边距(padding)表示边框与内容之间的距离,它也是一个复合元素。其赋值方式与 margin 类似,可参照 margin 赋值方式,语法格式如下:

- 上内边距:padding-top:值;
- 右内边距:padding-right:值;
- 下内边距:padding-bottom:值;
- 左内边距:padding-left:值;
- 内边距:padding:值;[1 个、2 个、3 个或 4 个值]

下面来学习 padding 属性的使用,如[例 5-4]所示。

[例 5-4] 设计三个 div,对第 2、3 个 div 设置内边距。

```
1  <head>
2  <meta charset="UTF-8">
3  <title>内边距</title>
4  <style>
5  .s1,.s2,.s3,.s4,.s5,.s6{
6      border:1px solid #000;              /*边框样式为1像素、实线、黑色*/
7      width:50px;                         /*宽度为50像素*/
8      margin:2px; }                       /*外边距为2像素*/
9  .s2{padding-top:20px;}                  /*上内边距为20像素*/
10 .s3{padding-left:20px;}                 /*左内边距为20像素*/
```

```
11 .s4{padding-right:20px;}            /*右内边距为 20 像素*/
12 .s5{padding-bottom:20px;}           /*下内边距为 20 像素*/
13 .s6{padding:20px;}                  /*上、下、左、右内边距为 20 像素*/
14 </style>
15 </head>
16 <body>
17 <div class="s1">模块 1</div>
18 <div class="s2">模块 2</div>
19 <div class="s3">模块 3</div>
20 <div class="s4">模块 4</div>
21 <div class="s5">模块 5</div>
22 <div class="s6">模块 6</div>
23 </body>
24 </html>
```

在上述代码中，第 9 行代码设置模块 2 的内容（文字）与其上边框产生 20 像素间距，且模块 2 整体高度也增加 20 像素。第 10 行代码设置模块 3 的内容（文字）与其左边框产生 20 像素间距，且模块 3 整体宽度也增加 20 像素。第 11 行代码设置模块 4 的内容（文字）与其右边框产生 20 像素间距，且模块 4 整体宽度也增加 20 像素。第 12 行代码设置模块 5 的内容（文字）与其下边框产生 20 像素间距，且模块 5 整体高度也增加 20 像素。第 13 行代码设置模块 6 的内容（文字）与其上、下、左、右边框产生 20 像素间距，且模块 6 整体宽度增加 40 像素，高度也增加 40 像素。

运行代码，效果如图 5-12 所示。

模块1
模块2
模块3
模块4
模块5
模块6

图 5-12　设置 padding 值

任务实现

1. 结构分析

首页整体外框布局设计为“三”字形，全部采用 HTML5 标签布局。其中 Logo、菜单导航部分用<header>标签布局，新城概况、新闻动态/通知公告、教育视频、banner 和校园风采部分采用<section>标签布局，版权部分用<footer>标签布局。设计每部分布局标签的位置、宽度、高度、内边距、外边距、背景颜色等样式。

2. 制作 HTML 页面结构

打开“index.html”文件，根据上面的结构分析，在<body>标签中插入相关布局标签，代码如下：

```
1  <body>
2  <header>头部 header</header>
3  <section class="content">内容 content</section>
4  <footer>版权 footer</footer>
5  </body>
```

3. 设计 CSS 样式

打开“index. css”文件，对网页中＜body＞和＜div＞标签设计 CSS3 样式，具体设计如下。

(1)设置页面整体样式。设置通配符 * 、＜body＞和＜a＞标签的样式，代码如下：

```
1  *{
2       margin:0;                                           /*设置外边距*/
3       padding:0;                                          /*设置内边距*/
4  }
5  body{
6       font-size:14px;                                     /*设置字体大小*/
7       font-family:"宋体","微软雅黑";                        /*设置字体类型*/
8       background:url(../images/bg.jpg) repeat-x;          /*设置背景图像及重复方式*/
9  }
10 a,a:visited{
11      text-decoration:none;                               /*清除超链接下划线*/
12      color:#000;                                         /*设置超链接字体颜色*/
13 }
```

(2)设置头部 header 模块宽度、高度及水平居中等样式，代码如下：

```
1  header{
2       width:1000px;               /*设置宽度*/
3       height:165px;               /*设置高度*/
4       margin:0 auto;              /*设置外边距(上、下外边距为0,水平居中)*/
5       background-color:#FC3;      /*设置背景颜色*/
6  }
```

(3)设置内容 content 模块宽度、高度、水平居中以及与上、下区块的间距等样式，代码如下：

```
1  .content{
2       width:1000px;               /*设置宽度*/
3       height:470px;               /*设置高度*/
4       margin:10px auto;           /*设置外边距(上、下外边距为10像素,水平居中)*/
5       background-color:#FC3;      /*设置背景颜色*/
6       padding:10px;               /*设置内边距*/
7  }
```

(4)设置 footer 模块宽度、高度，代码如下。

```
1  footer{
2       height:200px;               /*设置高度*/
3       background-color:#FC3;      /*设置背景颜色*/
4  }
```

运行代码，效果如图 5-13 所示。

图 5-13 网页外边框布局设计效果

任务二 设计主体内容部分布局

任务情境

新城实验小学“首页”内容区域展示新城概况、新闻动态/通知公告、教育视频、banner 和校园风采等内容，新城概况、新闻动态/通知公告、教育视频内容在一行显示，效果如图 5-14 所示。

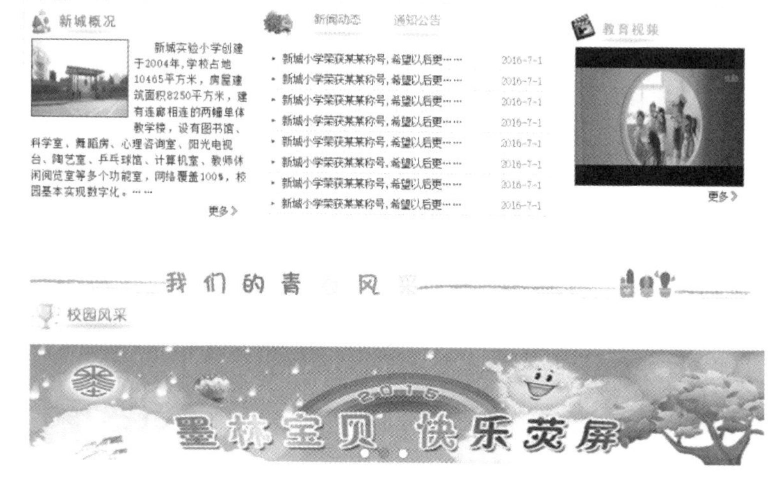

图 5-14 首页内容区域效果

任务分析

内容 content 模块内部可分三个大模块，第一模块又分三个小模块，其布局设计如图 5-15 所示。

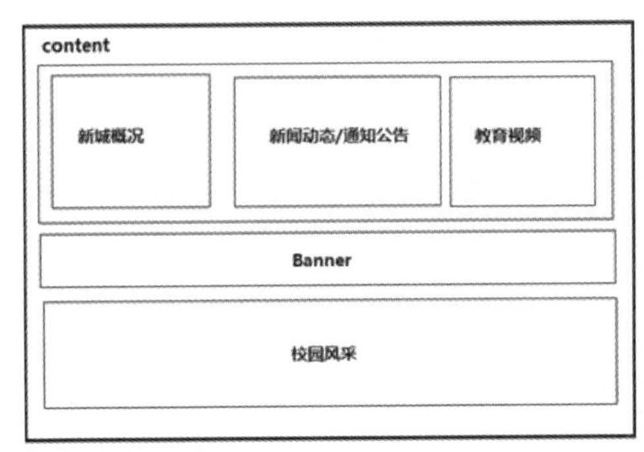

图 5-15　内容区域布局设计

知识准备

一、盒子的浮动

浮动是元素定位的一种方式，网页中任何元素都可以浮动，但元素浮动后会脱离标准流。

语法格式：

float：值；

具体值见表 5-3。

表 5-3　float 值

属性	值	说明
float	left	文本或图像会移至父元素中的左侧
	right	文本或图像会移至父元素中的右侧
	none	默认。文本或图像会显示于它在文档中出现的位置

下面来学习浮动属性的使用，如[例 5-5]所示。

[例 5-5] 浮动属性的使用。

```
1  <head>
2  <meta charset="UTF-8"/>
3  <title>浮动</title>
4  <style>
5  .all{
6      width:300px;                    /*设置宽度*/
7      height:250px;                   /*设置高度*/
8      border:1px solid #000;          /*设置边框*/
9      background-color:#FF3;          /*设置背景颜色*/
10     padding:10px;                   /*设置内边距*/
```

```
11 }
12 .Box1,.Box2,.Box3 {
13       height:40px;                          /* 设置高度 */
14       background-color:#3CF;                /* 设置背景颜色 */
15       border:1px solid #000;                /* 设置边框 */
16       margin-bottom:5px;                    /* 设置下外边距 */
17 }
18 p{
19       background-color:#F9C;                /* 设置背景颜色 */
20 }
21 </style>
22 </head>
23 <body>
24 <div class="all">
25 <div class="Box1">Box1</div>
26 <div class="Box2">Box2</div>
27 <div class="Box3">Box3</div>
28 <p>这是浮动框外围文字这是浮动框外围文字这是浮动框外围文字这是浮动框外围文字这
   是浮动框外围文字这是浮动框外围文字这是浮动框外围文字
   </p>
29 </div>
30 </body>
```

运行代码,效果如图 5-16 所示。class 为 all 中的 3 个 div 和 1 个 p 按标准流解析依次垂直排列,现对 3 个 div 进行浮动设置,操作步骤如下。

(1)若设置 Box1 左浮动,Box1 的右边空间被留出来,Box2 将移到与 Box1 一行,效果如图 5-17 所示。代码如下:

```
1  .Box1{
2        float:left;                /* 设置左浮动 */
3  }
```

(2)若设置 Box1、Box2 左浮动,Box1、Box2 的右边空间被留出来,Box3 将移到与 Box2 一行,效果如图 5-18 所示。代码如下:

```
1  .Box1, .Box2{
2        float:left;                /* 设置左浮动 */
3  }
```

(3)若设置 Box1、Box2、Box3 左浮动,Box1、Box2、Box3 的右边空间被留出来,文字将移到与 Box3 一行,效果如图 5-19 所示。代码如下:

```
1  .Box1, .Box2,.Box3{
2        float:left;                /* 设置左浮动 */
3  }
```

(4)若设置 Box1、Box2 左浮动,Box3 右浮动。Box1、Box2 右边空间和 Box3 的左边空间被留出来,文字将移到 Box2 与 Box3 之间,效果如图 5-20 所示。代码如下:

```
1  .Box1,.Box2{
2      float:left;              /*设置左浮动*/
3  }
4  .Box3{
5      float:right;             /*设置右浮动*/
6  }
```

(5)若设置 Box1、Box3 左浮动，Box2 右浮动。Box1、Box3 右边空间和 Box2 的左边空间被留出来，文字将移到 Box3 与 Box2 之间，效果如图 5-21 所示。代码如下：

```
1  .Box1,.Box3{
2      float:left;/*设置左浮动*/
3  }
4  .Box2{
5      float:right;/*设置右浮动*/
6  }
```

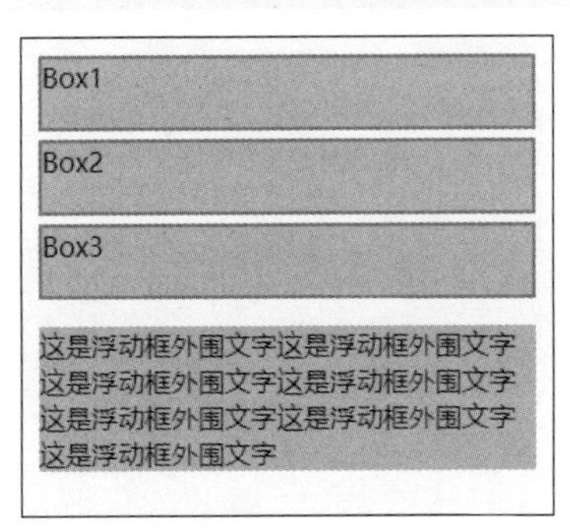

图 5-16　浮动之前效果

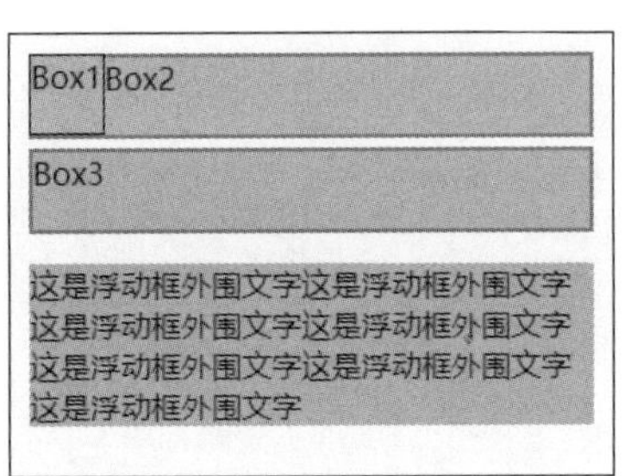

图 5-17　Box1 左浮动后效果

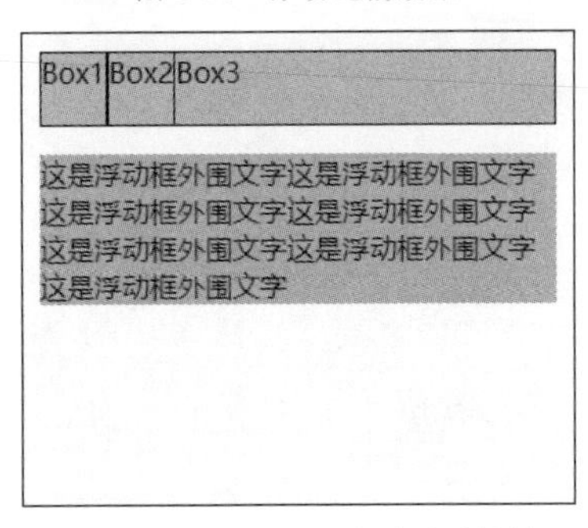

图 5-18　Box1、Box2 左浮动后效果

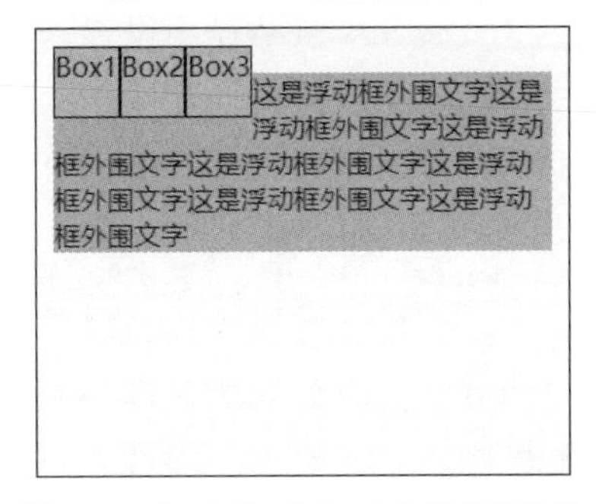

图 5-19　Box1、Box2、Box3 左浮动后效果

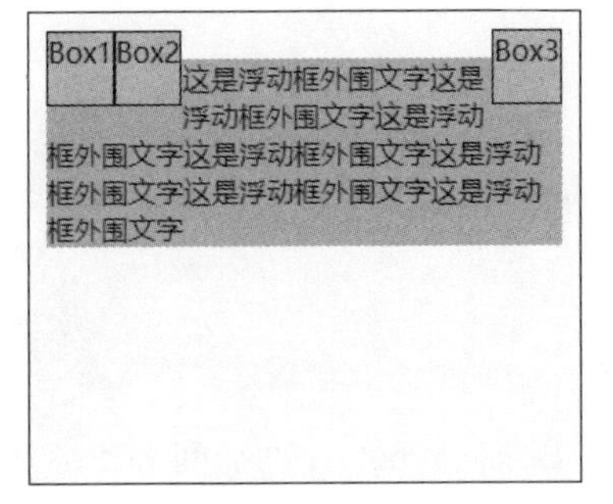

图 5-20　Box1、Box2 左浮动，Box3 右浮动后效果

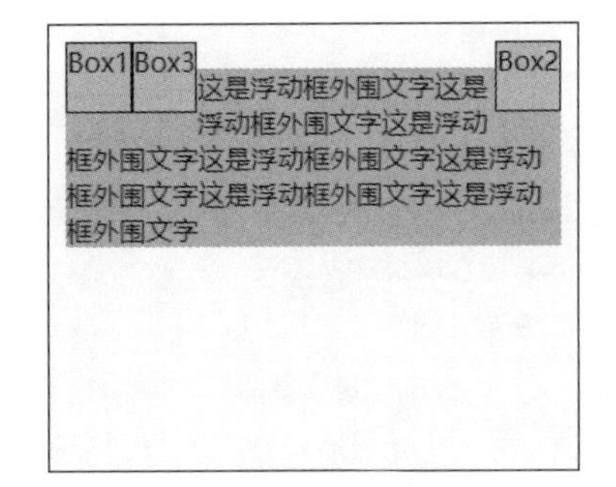

图 5-21　Box1、Box3 左浮动，Box2 右浮动后效果

二、清除浮动

在 CSS3 中，clear 属性用于清除浮动，它可以清除一侧、两侧或者不清除。

语法格式：

clear：值；

具体值见表 5-4。

表 5-4　clear 值

属性	值	描述
clear	left	在左侧不允许浮动元素
	right	在右侧不允许浮动元素
	both	在左、右两侧均不允许浮动元素
	none	默认值。允许浮动元素出现在两侧
	inherit	规定应该从父元素继承 clear 属性的值

下面来学习清除浮动属性的使用，如[例 5-6]所示。

[例 5-6] 清除浮动属性的使用。

```
1  <head>
2  <meta charset="UTF-8"/>
3  <title>清除浮动</title>
4  <style>
5  .all{
6        width:200px;                    /*设置宽度*/
7        height:200px;                   /*设置高度*/
8        border:1px solid #000;          /*设置边框*/
9        background-color:#F2F2F2;       /*设置背景颜色*/
10       padding:10px;                   /*设置内边距*/
11 }
12 .Box1,.Box2,.Box3{
13       height:40px;                    /*设置高度*/
14       width:50px;                     /*设置宽度*/
15       margin:5px;                     /*设置外边距*/
16       background-color:#3CF;          /*设置背景颜色*/
17       border:1px solid #000;          /*设置边框*/
18       float:left;                     /*设置左浮动*/
19 }
20 </style>
21 </head>
22 <body>
23 <div class="all">
24 <div class="Box1">Box1</div>
25 <div class="Box2">Box2</div>
```

```
26 <div class="Box3">Box3</div>
27 </div>
28 </body>
```

运行代码，效果如图 5-22 所示。因为 class 为 all 中的 3 个 div 设置了浮动，脱离了标准流，在同一行显示。所以先对 3 个 div 进行清除浮动设置，操作步骤如下：

(1)若清除 Box2 左浮动，效果如图 5-23 所示，代码如下：

```
1  .Box2{
2       clear:left;                    /*清除左浮动*/
3  }
```

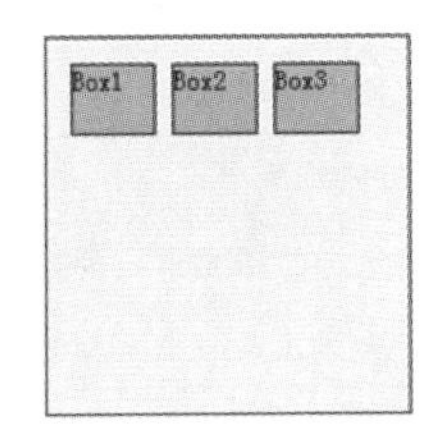

图 5-22　Box2 未清除浮动

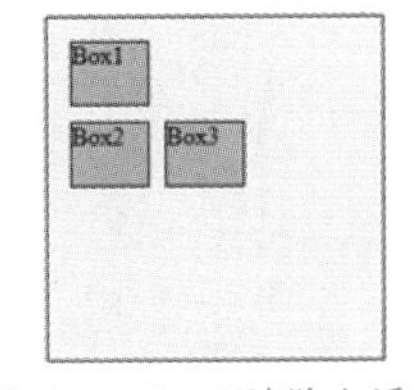

图 5-23　Box2 清除左浮动

(2)若清除 Box2 右浮动，效果如图 5-22 所示。整体元素布局没有发生改变，因为没有右浮动对象，代码如下：

```
1  .Box2{
2       clear:right;                   /*清除右浮动*/
3  }
```

若清除 Box2 左、右浮动，效果如图 5-23 所示，代码如下：

```
1  .Box2{
2       clear:both;                    /*清除左、右浮动*/
3  }
```

三、溢出的操作

溢出(overflow)是指当盒子内的元素超出盒子的大小时，内容就会溢出，这时如果想要规范内容的显示方式，就需要使用 CSS3 中的 overflow 属性。

语法格式：

```
overflow:值;
```

具体值见表 5-5。

表 5-5　**overflow 值**

属性	值	说明
overflow	visible	内容不会被修剪，会呈现在元素框之外(默认值)
	hidden	溢出内容会被修剪，并且被修剪的内容是不可见的
	auto	在需要时产生滚动条，即自适应所要显示的内容
	scroll	溢出内容会被修剪，且浏览器会始终显示滚动条

下面来学习溢出的使用，如[例 5-7]所示。

[例 5-7] 溢出(overflow)的使用。

```
1  <head>
2  <meta charset="UTF-8">
3  <title>overflow 溢出的使用</title>
4  <style>
5  .all{
6      width:200px;                  /* 设置宽度 */
7      height:100px;                 /* 设置高度 */
8      border:1px solid #000;        /* 设置边框 */
9      padding:10px;                 /* 设置内边距 */
10 }
11    </style>
12 </head>
13 <body>
14 <div class="all">
   visible 内容不会被修剪，会呈现在元素框之外(默认值)
   hidden 溢出内容会被修剪，并且被修剪的内容是不可见的
   auto 在需要时产生滚动条，即自适应所要显示的内容
   scroll 溢出内容会被修剪，且浏览器会始终显示滚动条
15 </div>
16 </body>
```

运行代码，效果如图 5-24 所示。

visible 内容不会被修剪，会呈现在元素框之外（默认值）hidden 溢出内容会被修剪，并且被修剪的内容是不可见的 auto 在需要时产生滚动条，即自适应所要显示的内容 scroll 溢出内容会被修剪，且浏览器会始终显示滚动条

图 5-24　内容默认显示(visible)

从图 5-24 可见，当内容超出显示空间大小时，内容自动溢出且可见。现设置溢出的属性值，理解其值的含义。

设置 all 的 overflow 属性为隐藏。若内容溢出则不显示，效果如图 5-25 所示，代码如下：

```
1  .all{
2      overflow:hidden;          /* 溢出隐藏 */
3  }
```

设置 all 的 overflow 属性为自动。若内容溢出则出现滚动条，效果如图 5-26 所示，代码如下：

```
1  .all{
2      overflow:auto;                /*溢出自动*/
3  }
```

设置 all 的 overflow 属性为滚动。若内容溢出则出现滚动条，效果如图 5-27 所示，代码如下：

```
1  .all{
2      overflow:scroll;              /*溢出滚动*/
3  }
```

图 5-25　溢出内容隐藏(hidden)　　图 5-26　溢出内容自动(auto)　　图 5-27　溢出内容滚动(scroll)

任务实现

1. 结构分析

首先在内容 content 模块中插入三个并行 div，分别放置新城基本信息(新城概况、新闻动态/通知公告、教育视频)、banner、校园风采，其类名依次为 column1、banner 和 scroll_pic。

其次设置新城实验小学网站基本信息模块。在该模块中插入三个并行 div，分别放置新城概况、新闻动态/通知公告、教育视频等信息，其类名依次为 left、center 和 right。

2. 制作 HTML 页面结构

打开"index.html"文件，根据上面的结构分析，在类名为 content 的<section>标签内添加相关结构，代码如下：

```
1  <section class="content">
2  <div class="column1">
3  <div class="left">left:新城概况</div>
4  <div class="center">center:新闻动态/通知公告</div>
5  <div class="right">right:教育视频</div>
6  <div class="clear"></div>
7  </div>
8  <div class="banner">banner</div>
9  <div class="scroll_pic">图像滚动:校园风采</div>
10 </section>
```

3. 设计 CSS 样式

打开"index.css"文件，设置类名为 left 的"新城概况"模块样式，代码如下：

```
1  .column1 .left{
2      width:300px;                  /*设置宽度*/
```

```
3       height:270px;                   /* 设置高度 */
4       background-color:#F36;          /* 设置背景颜色 */
5       margin-right:15px;              /* 设置右外边距 */
6       float:left;                     /* 设置左浮动 */
7   }
```

设置类名为 center 的“新闻动态/通知公告”模块样式，代码如下：

```
1   .column1 .center{
2       width:400px;                    /* 设置宽度 */
3       height:270px;                   /* 设置高度 */
4       background-color:#00F;          /* 设置背景颜色 */
5       margin-right:15px;              /* 设置右外边距 */
6       float:left;                     /* 设置左浮动 */
7   }
```

设置类名为 right 的“教育视频”模块样式，代码如下：

```
1   .column1 .right{
2       width:270px;                    /* 设置宽度 */
3       height:270px;                   /* 设置高度 */
4       background-color:#F00;          /* 设置背景颜色 */
5       float:left;                     /* 设置左浮动 */
6   }
```

设置类为 clear 的模块样式，用于清除浮动，代码如下：

```
1   .clear{
2       clear:both;                     /* 清除左、右浮动 */
3       line-height:0;                  /* 设置行高 */
4   }
```

设置类名为 banner 的 banner 模块样式，代码如下：

```
1   .content .banner{
2       margin-top:30px;                /* 设置上外边距 */
3       height:50px;                    /* 设置高度 */
4       background-color:#00F;          /* 设置背景颜色 */
5   }
```

设置类名为 scroll_pic 的“校园风采”模块样式，代码如下：

```
1   .content .scroll_pic{
2       margin-top:10px;                /* 设置上外边距 */
3       height:200px;                   /* 设置高度 */
4       background-color:#F3C;          /* 设置背景颜色 */
5   }
```

修改类名为 content 的“内容 content”模块样式，代码如下：

```
1   .content{height:auto;background-color:#FFF;}
```

运行代码，效果如图 5-28 所示。

图 5-28　content 的布局效果

任务三　制作头部和版权部分页面

任务情境

学校首页头部区域包括 Logo 模块和菜单导航模块。其中 Logo 模块可以通过插入 Logo 图像进行结构设计，并利用 CSS3 样式美化。菜单导航模块由一个背景渐变的圆角矩形组成，有 7 个导航栏目，鼠标移到相应导航栏目上会出现二级下拉菜单。版权区域包括版权信息和电子邮件链接。

新城实验小学
XINCHENG EXPERIMENTAL SCHOOL
版权所有 CopyRight©2005-2014 新城实验小学
联系电话：0552-3170000　　邮箱:123456@qq.com

图 5-29　头部和版权部分效果

任务分析

首页的头部和版权区域中文字、图像可以通过前面所学相关样式对其进行美化，菜单导航可以通过项目列表+CSS设计，项目列表嵌套构建二级菜单导航层次，通过 CSS 样式表设计菜单样式及子菜单的显示与隐藏。

知识准备

菜单导航有多种制作方法，可利用项目列表、表格、div 等形式。菜单导航按级别可分为一级、二级和多级菜单导航，按方向又分纵向和横向菜单导航。本任务主要讲解利用项目列表制作一级纵向菜单导航、一级横向菜单导航和二级菜单导航。

一、一级纵向菜单导航

一级菜单导航多用列表设计，配以 CSS3 样式对列表进行美化，下面来学习一级纵向菜单导航的制作，如[例 5-8]所示。

[例 5-8] 利用项目列表+CSS3 设计一级纵向菜单导航，当鼠标移到菜单导航栏目上时栏目背景变色。

```
1  <head>
2  <meta charset="UTF-8"/>
3  <title>一级纵向菜单导航</title>
4  <style>
5  ul,li{
6        list-style:none;                  /*设置列表样式*/
7        margin:0;                         /*设置外边距*/
8        padding:0;                        /*设置内边距*/
9  }
10 ul li {
11       width:100px;                      /*设置宽度*/
12       height:30px;                      /*设置高度*/
13       line-height:30px;                 /*设置行高*/
14       margin-bottom:1px;                /*设置下外边距*/
15       text-align:center;                /*设置文字居中*/
16 }
17 ul li a{
18       display:block;                    /*元素显示块状*/
19       text-decoration:none;             /*取消超链接下划线*/
20       font-size:14px;                   /*设置字体大小*/
21       color:#FFCC00;                    /*设置字体颜色*/
22       background-color:#000066;         /*设置背景颜色*/
23       border-left:10px solid #FF9900;   /*设置边框*/
```

```
24 }
25 ul li a:hover{
26       color:#FFFFFF;                      /*设置字体颜色*/
27       background-color:#000033;           /*设置背景颜色*/
28       border-left:solid 10px #D8D803;     /*设置边框*/
29 }
30 </style>
31 </head>
32 <body>
33 <nav>
34 <ul>
35       <li><a href="#">网站首页</a></li>
36       <li><a href="#">新闻中心</a></li>
37       <li><a href="#">学校介绍</a></li>
38       <li><a href="#">教育教学</a></li>
39       <li><a href="#">新城党建</a></li>
40       <li><a href="#">家长园地</a></li>
41       <li><a href="#">数字化校园</a></li>
42 </ul>
43 </nav>
44 </body>
```

在上述代码中，第 5～9 行代码设置消除项目列表自带样式和默认的内、外边距。第 10～16 行代码设置项目列表 li 的宽度、高度、行高和外边距。第 17～24 行代码设置将超链接行内元素转化为块状元素，消除超链接自带下划线，另外设置字体样式、背景颜色和边框样式。第 25～29 行代码设置鼠标经过菜单导航时的字体颜色、边框、背景颜色。

运行代码，效果如图 5-30 所示。

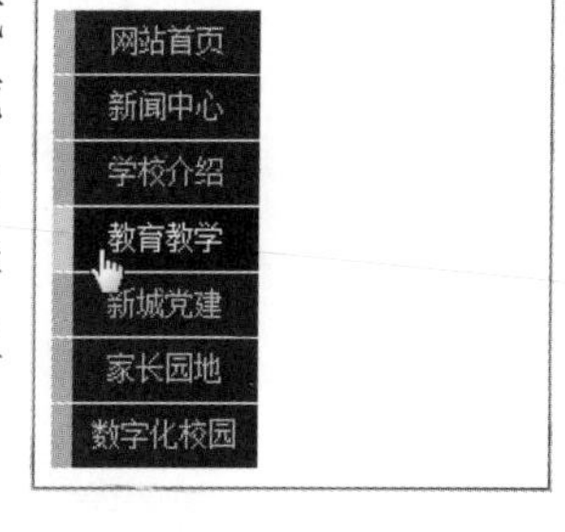

图 5-30　一级纵向菜单导航效果

二、一级横向菜单导航

网页上常见的菜单导航一般是横向菜单导航，横向菜单导航设计方法与纵向菜单导航相同，只是将列表项由纵向布局转化为横向布局。下面来学习利用项目列表设计一级横向菜单导航，如[例 5-9]所示。

[例 5-9] 利用项目列表+CSS3 设计一级横向菜单导航，当鼠标移到菜单导航栏目上时栏目背景变色。

```
1 <head>
2 <meta charset="UTF-8"/>
3 <title>一级横向菜单导航</title>
```

```
4  <style>
5  ul,li{
6      list-style:none;                  /*设置列表样式*/
7      margin:0;                         /*设置外边距*/
8      padding:0;                        /*设置内边距*/
9  }
10 ul li {
11     float:left;                       /*设置列表项左浮动*/
12 }
13 ul li a{
14     display:block;                    /*元素显示块状*/
15     text-decoration:none;             /*取消超链接下划线*/
16     font-size:14px;                   /*设置字体大小*/
17     color:#FFCC00;                    /*设置字体颜色*/
18     background-color:#000066;         /*设置背景颜色*/
19     margin-right:3px;                 /*设置下外边距*/
20     line-height:30px;                 /*设置行高*/
21 }
22 ul li a:hover{
23     color:#FFFFFF;                    /*设置字体颜色*/
24     background-color:#F00;            /*设置背景颜色*/
25 }
26 </style>
27 </head>
28 <body>
29 <nav>
30 <ul>
31     <li><a href="#">网站首页</a></li>
32     <li><a href="#">新闻中心</a></li>
33     <li><a href="#">学校介绍</a></li>
34     <li><a href="#">教育教学</a></li>
35     <li><a href="#">新城党建</a></li>
36     <li><a href="#">家长园地</a></li>
37     <li><a href="#">数字化校园</a></li>
38 </ul>
39 </nav>
40 </body>
```

在上述代码中，第 10～12 行代码设置列表项左浮动，将其从纵向结构转成横向结构，第 22～25 行代码设置鼠标经过菜单导航时字体颜色和背景颜色。

运行代码,效果如图 5-31 所示。

网站首页 新闻中心 学校介绍 教育教学 新城党建 家长园地 数字化校园

图 5-31　一级横向菜单导航效果

➲ 说明:除了浮动方法外,也可以通过设置属性 display:inline-block,将列表项 li 从纵向结构转成横向结构。此时,列表项 li 四周总是有非 margin、padding、left、top、right、bottom 属性的空白空间,需要将父元素 ul 的字体大小设为 0,即设置 ul{font-size:0px;}方可解决。

三、二级菜单导航

二级菜单导航的设计是在一级菜单的列表项里再嵌套一个项目列表,通过设计该项目列表的定位和显示及隐藏实现下拉效果。

元素定位是指该元素相对于其该出现的位置,或相对于浏览器窗口,或相对于父元素等,元素定位主要由边偏移和定位模式来决定。

1.边偏移

在 CSS3 中,边偏移属性有 top、left、bottom 和 right,该属性可以具体指定元素偏移的位置,其含义见表 5-6。

表 5-6　边偏移属性

属性	说明
top	顶部偏移,定义元素上外边距边界与其包含块上边界之间的偏移
right	右侧偏移,定义元素右外边距边界与其包含块右边界之间的偏移
bottom	下侧偏移,定义元素下外边距边界与其包含块下边界之间的偏移
left	左侧偏移,定义元素左外边距边界与其包含块左边界之间的偏移

2.定位模式

在 CSS3 中,定义元素的定位模式使用 position 属性,position 值见表 5-7。

语法格式:

选择器{position:属性值;}

表 5-7　position 值

属性	值	说明
position	static	默认值。静态定位,元素出现在正常的流中(忽略 top, bottom, left, right 或者 z-index 声明)
	relative	相对定位,相对于其正常位置进行定位
	absolute	绝对定位,相对于 static 定位以外的第一个父元素进行定位
	fixed	固定定位,相对于浏览器窗口进行定位
	inherit	规定应该从父元素继承 position 属性的值

(1)静态定位

元素默认定位方式为静态定位,即元素位置按照标准流的位置解析,块状元素占用一行。

说明:在静态定位状态下,无法通过边偏移属性(top、bottom、left 或 right)来改变元素的位置。

(2)相对定位

相对定位是将元素相对于它在标准流中的位置进行定位,当 position 属性的取值为 relative 时,可以将元素定位于相对位置。

下面来学习相对定位的使用,如[例 5-10]所示。

[例 5-10] 设计三个 div,设置第二个 div 为相对定位。

```
1  <head>
2  <meta charset="UTF-8">
3  <title>相对定位</title>
4  <style>
5  div{
6      background-color:#C66;           /* 设置背景颜色 */
7      width:200px;                     /* 设置宽度 */
8      height:100px;                    /* 设置高度 */
9      color:#FFF;
10 }
11 .box2{
12     position:relative;               /* 设置第二个 div 相对定位 */
13     left:30px;                       /* 设置第二个 div 的左侧偏移 */
14     top:30px;                        /* 设置第二个 div 的顶部偏移 */
15     background-color:#09F;           /* 设置第二个 div 的背景颜色 */
16 }
17 </style>
18 </head>
19 <body>
20 <div>box1</div>
21 <div class="box2">box2</div>
22 <div>box3</div>
23 </body>
```

在上述代码中,第 11 行代码设置 box2 位置为相对定位,相对自己在标准流中的位置向右偏移 30 像素、向下偏移 30 像素。

运行代码,效果如图 5-32 所示。

(3)绝对定位

绝对定位是将元素依据最近的已经定位(绝对、固定或相对定位)的父元素进行定位,若所有父元素都没有定位,则依据 body 根元素(浏览器窗口)进行定位。当 position 属性的取值为 absolute 时,可以将元素的定位模式设置为绝对定位。

下面来学习绝对定位的使用，如[例 5-11]所示。

[例 5-11] 设计三个 div，设置第二个 div 为绝对定位。

```
1  <head>
2  <meta charset="UTF-8">
3  <title>绝对定位</title>
4  <style>
5  div{
6       background-color:#C66;              /*设置背景颜色*/
7       width:200px;                        /*设置宽度*/
8       height:100px;                       /*设置高度*/
9       margin:2px;                         /*设置外边距*/
10      color:#FFF;                         /*设置字体颜色*/
11 }
12 .box2{
13      position:absolute;                  /*设置第二个 div 为绝对定位*/
14      left:30px;                          /*设置第二个 div 的左侧偏移*/
15      top:30px;                           /*设置第二个 div 的顶部偏移*/
16      background-color:#09F;              /*设置第二个 div 的背景颜色*/
17 }
18 </style>
19 </head>
20 <body>
21 <div>box1</div>
22 <div class="box2">box2</div>
23 <div>box3</div>
24 </body>
```

上述代码中，第 13 行代码设置 box2 位置为绝对定位，box2 脱离标准流，相对父对象 body 向右偏移 30 像素、向下偏移 30 像素。

运行代码，效果如图 5-33 所示。

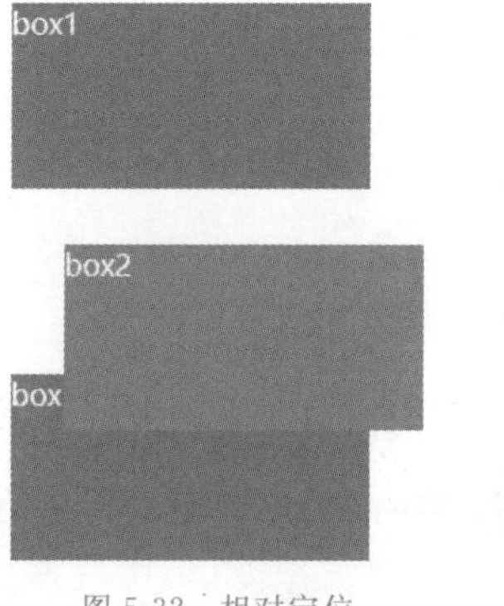

图 5-32 相对定位

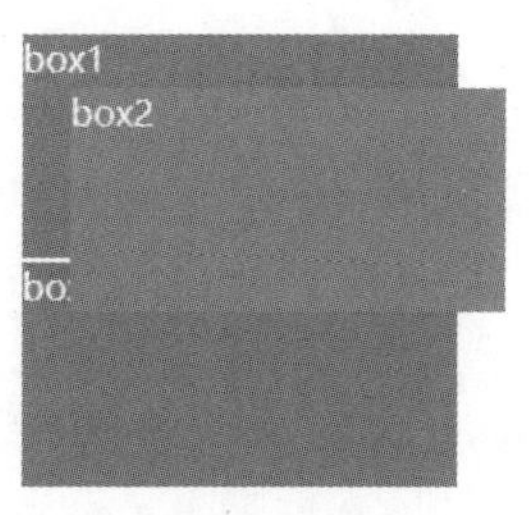

图 5-33 绝对定位

(4)固定定位

固定定位是绝对定位的一种特殊形式，它以浏览器窗口为参照物来定义网页元素。当 position 属性的取值为 fixed 时，元素会脱离标准流，且它始终以浏览器窗口自定义自己位置。

(5)z-index 层叠等级属性

z-index 层叠等级属性。当对多个元素同时设置定位时，定位元素之间有可能会发生重叠，z-index 属性仅对定位元素有效。

例如在[例 5-11]的.box2 中设置 z-index 层叠等级，代码如下：

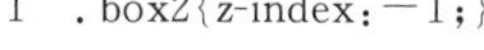

```
1  .box2{z-index:-1;}
```

运行代码，效果如图 5-34 所示。

图 5-34　设置 z-index 的效果

说明：z-index 可以设置正、负值，默认值为 0，值越大说明等级越高。

下面来学习利用定位实现二级下拉菜单导航的制作，如[例 5-12]所示。

[例 5-12] 设计二级下拉菜单导航。

```
1  <head>
2  <meta charset="UTF-8"/>
3  <title>二级下拉菜单导航</title>
4  <style>
5  ul,li{
6        list-style:none;                  /*设置列表样式*/
7        margin:0;                         /*设置外边距*/
8        padding:0;                        /*设置内边距*/
9  }
10 ul li {
11       float:left;                       /*设置列表项左浮动*/
12       width:100px;                      /*设置列表项宽度*/
13       position:relative;                /*设置父元素 li 为相对定位*/
14       height:30px;
15       line-height:30px;
16 }
17 ul li ul {
18       display:absolute;                 /*设置子列表 ul 为绝对定位*/
19       top:30px;                         /*设置子列表的顶部偏移 20 像素*/
20       position:none;                    /*设置子列表隐藏*/
21 }
22 ul li:hover ul {
23       display:block;                    /*设置子列表显示*/
24 }
```

```
25 ul li a{
26     display:block;                    /*元素显示块状*/
27     text-decoration:none;             /*取消超链接下划线*/
28     font-size:14px;                   /*设置字体大小*/
29     color:#FFF;                       /*设置文本颜色*/
30     background-color:#000066;         /*设置背景颜色*/
31     margin-right:3px;                 /*设置下外边距*/
32     text-align:center;                /*设置文本水平居中*/
33 }
34 ul li a:hover{
35     background-color:#F00;            /*设置背景颜色*/
36 }
37 </style>
38 </head>
39 <body>
40 <nav>
41 <ul>
42 <li><a href="#">网站首页</a></li>
43 <li><a href="#">新闻中心</a>
44 <ul><!--二级下拉菜单-->
45 <li><a href="#">新闻动态</a></li>
46 <li><a href="#">通知公告</a></li>
47 </ul>
48 </li>
49 <li><a href="#">学校介绍</a></li>
50 <li><a href="#">教育教学</a></li>
51 <li><a href="#">新城党建</a></li>
52 <li><a href="#">家长园地</a></li>
53 <li><a href="#">数字化校园</a></li>
54 </ul>
55 </nav>
56 </body>
```

在上述代码中，第10～16行代码设置列表项li左浮动，让项目列表由垂直方向变为水平方向，同时设置了display:relative，让父元素li相对于标准流行定位。第17～21行代码设置将嵌套的项目列表相对于父元素li的顶部偏移20像素定位，且隐藏。第22～24行代码设置当鼠标经过项目类表项时其嵌套的项目列表子菜单显示，第44～47行代码设计了栏目“新闻中心”下的二级下拉菜单。

运行代码，效果如图 5-35 所示，鼠标经过时如图 5-36 所示。

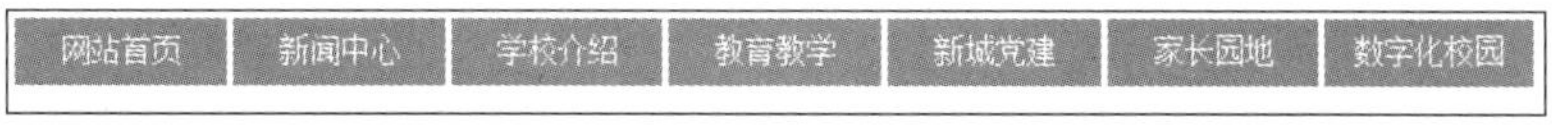

网站首页
新闻中心
学校介绍
教育教学
新城党建
家长园地
数字化校园

图 5-35　二级下拉菜单导航效果

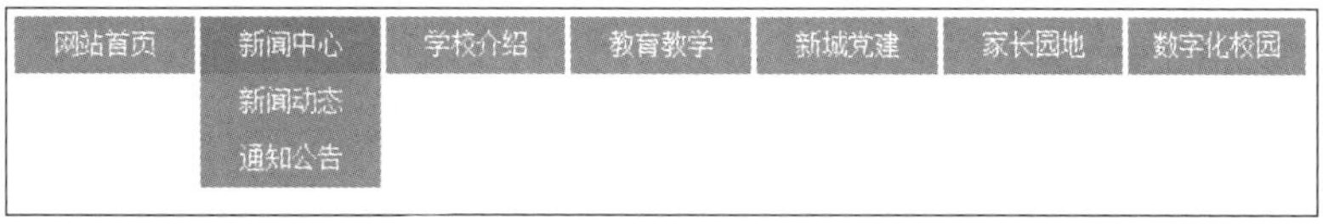

网站首页
新闻中心
学校介绍
教育教学
新城党建
家长园地
数字化校园
新闻动态
通知公告

图 5-36　鼠标经过时二级下拉菜单显示效果

四、CSS3 圆角设计

CSS3 的 border-radius 属性可以设计圆角。

语法格式：

border-radius:length|% / length|%;

border-radius 圆角边框是通过对 4 个角分别做内切圆实现，如图 5-37 所示，“/”前面的值为水平半径，后面为垂直半径，若没有“/”，则表示水平、垂直半径相等。另外，其值可为 1～4 个，具体规则如下。

垂直半径
top-left
top-right
水平半径
bottom-left
bottom-right

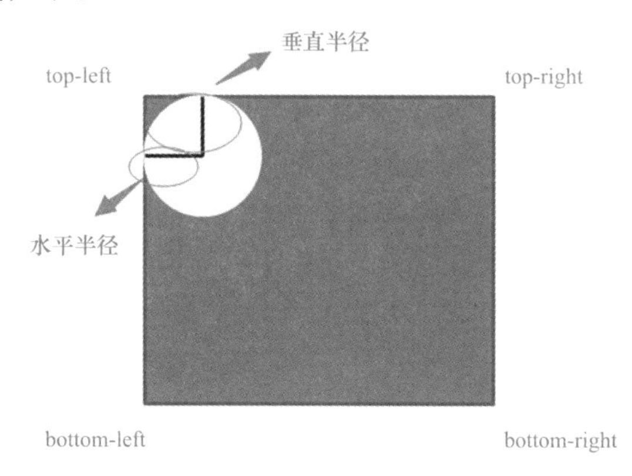

图 5-37　圆角边框内切圆

4 个值：第一个值为左上角，第二个值为右上角，第三个值为右下角，第四个值为左下角。

3 个值：第一个值为左上角，第二个值为右上角和左下角，第三个值为右下角。

2 个值：第一个值为左上角与右下角，第二个值为右上角与左下角。

1 个值：四个圆角值相同。

例如：

```
border-radius:5px 15px 35px 65px;      /* 左上角,右上角,右下角,左下角 */
border-radius:5px 35px 65px;           /* 左上角,右下角和左下角,右上角 */
border-radius:5px 65px;                /* 左上角与右下角,右上角与左下角 */
border-radius:35px;                    /* 四个角都为 35 像素 */
```

下面来学习 CSS3 圆角的使用，如[例 5-13]所示。

[例 5-13] 制作彩色圆饼。

```
1  <head>
2    <meta charset="UTF-8">
3    <title>CSS3 圆角边框</title>
4    <style>
5      body {
6        background-color: #F7F7F7;              /* 设置网页背景颜色 */
7      }
8      .border-radius {
9        width:100px;                            /* 设置宽度为 100 像素 */
10       height:100px;                           /* 设置高度为 100 像素 */
11       border:40px solid #93BAFF;              /* 设置边框为浅蓝色、实线、40 像素 */
12       border-left-color:goldenrod;            /* 设置左边框为橙黄色 */
13       border-bottom-color:green;              /* 设置下边框为绿色 */
14       border-right-color:palevioletred;       /* 设置右边框为粉色 */
15       border-radius:90px;                     /* 设置圆角边框半径为 90 像素 */
16     }
17   </style>
18   </head>
19 <body>
20 <div class="border-radius"></div>
21 </body>
```

在上述代码中，第 11 行代码设置了边框的颜色等样式，第 12～14 行代码又分别重新设置了左边框、下边框和右边框的颜色，第 15 行代码设置了圆角半径。

运行代码，效果如图 5-38 所示。

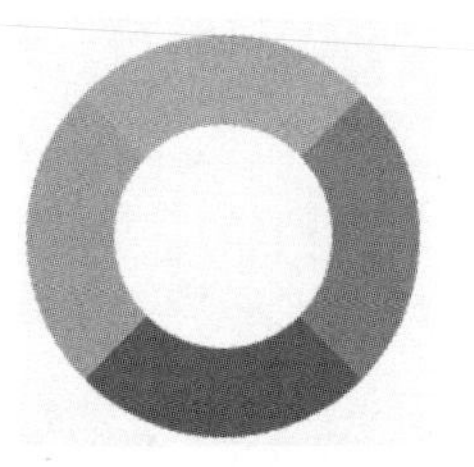

图 5-38　彩色圆饼

五、CSS3 渐变设计

CSS3 渐变可以让两个或多个指定的颜色之间显示平稳的过渡。CSS3 渐变主要包括线性渐变和径向渐变。

1. 线性渐变

语法格式：

```
background-image:linear-gradient([angle|direction], color-stop1, color-stop2, ...);
```

上面语法中的“[]”表示可选值。其中 angle 代表角度，角度是指水平线和渐变线之间的角度，逆时针方向计算。换句话说，0deg 将创建一个从下到上的渐变，90deg 将创建一个从左到右的渐变。direction 代表方向，如 left、right、top、top left、bottom left 等。

下面来学习 CSS3 线性渐变的使用，如[例 5-14]所示。

[例 5-14] 设置背景线性渐变。

```
1  <head>
2  <meta charset="UTF-8">
3  <title>CSS3 线性渐变</title>
4  </head>
5  <style>
6  .linear-gradient-direction{
7      width:400px;                          /* 设置宽度为 400 像素 */
8      height:100px;                         /* 设置高度为 100 像素 */
9      margin-bottom:20px;                   /* 设置下外边距为 20 像素 */
10     background-image:-webkit-linear-gradient(left, #E50743 0%, #F9870F 15%, #E8ED30
   30%, #3FA62E 45%, #3BB4D7 60%, #2F4D9E 75%, #71378A 80%);
                                          /* 设置线性渐变，从左侧开始渐变 */
11 }
12 .linear-gradient-angle{
13     width:400px;                          /* 设置宽度为 400 像素 */
14     height:100px;                         /* 设置高度为 100 像素 */
15         background-image:-webkit-linear-gradient(180deg, #E50743 0%, #F9870F 15%,
       #E8ED30 30%, #3FA62E 45%, #3BB4D7 60%, #2F4D9E 75%, #71378A 80%);
                                          /* 设置线性渐变，180°(从右侧)开始渐变 */
16 }
17 </style>
18 <body>
19 <div class="linear-gradient-direction"></div>
20 <div class="linear-gradient-angle"></div>
21 </body>
```

在上述代码中，第 10 行和第 15 行代码都设置了线性渐变，一个从左侧开始渐变，一个从右侧开始渐变。

运行代码，效果如图 5-39 所示。

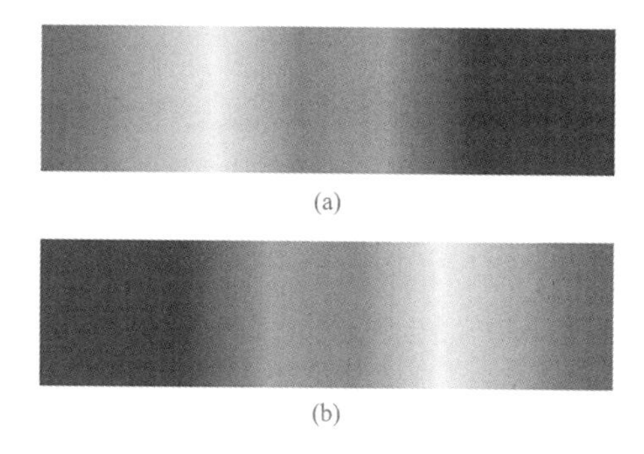

(a)

(b)

图 5-39 线性渐变

2. 径向渐变

语法格式：

{background-image:radial-gradient(圆心坐标，渐变形状渐变大小，color stop,);}

其中 radial-gradient 参数值见表 5-8。

表 5-8 radial-gradient 参数说明

参数类型	说明	
圆心坐标	X 轴坐标 Y 轴坐标，如 20 px 40 px，默认值 center	
渐变形状	circle	圆形
	ellipse	椭圆形，默认值
渐变大小	closest-side 或 contain	以距离圆心最近的边的距离作为渐变半径
	closest-corner	以距离圆心最近的角的距离作为渐变半径
	farthest-side	以距离圆心最远的边的距离作为渐变半径
	farthest-corner 或 cover	以距离圆心最远的角的距离作为渐变半径

下面来学习 CSS3 径向渐变的使用，如[例 5-15]所示。

[例 5-15] 设置背景径向渐变。

```
1  <head>
2  <meta charset="UTF-8">
3  <title>CSS3 径向渐变</title>
4  <style>
5  .rainbow-radial-gradient{
6      width:300px;               /* 设置宽度为 300 像素 */
7      height:300px;              /* 设置高度为 300 像素 */
8      float:left;                /* 设置左浮动 */
9      margin-right:20px;         /* 设置右外边距为 20 像素 */
10     background-image:-webkit-radial-gradient(#FFE07B 15%, #FFB151 2%, #16104B 50%);
                                  /* 设置径向渐变，从中心点逐渐向外渐变 */
11 }
12 .rainbow-radial-gradient2{
13     width:400px;               /* 设置宽度为 400 像素 */
14     height:300px;              /* 设置高度为 300 像素 */
15     float:left;                /* 设置左浮动 */
16     background-image:-webkit-radial-gradient(closest-side , #58A6F0 15%, #008000 2%,
       #2A809D 50%);              /* 设置径向渐变，距离圆心最近的边的距离作为渐变半径 */
17 }
18 </style>
19 </head>
20 <body>
21 <div class="rainbow-radial-gradient"></div>
22 <div class="rainbow-radial-gradient2"></div>
23 </body>
```

在上述代码中，第 10 行和第 16 行代码都设置了径向渐变，一个是从中心点逐渐向外渐变，一个将距离圆心最近的边的距离作为渐变半径。

运行代码，效果如图 5-40 所示。

(a)

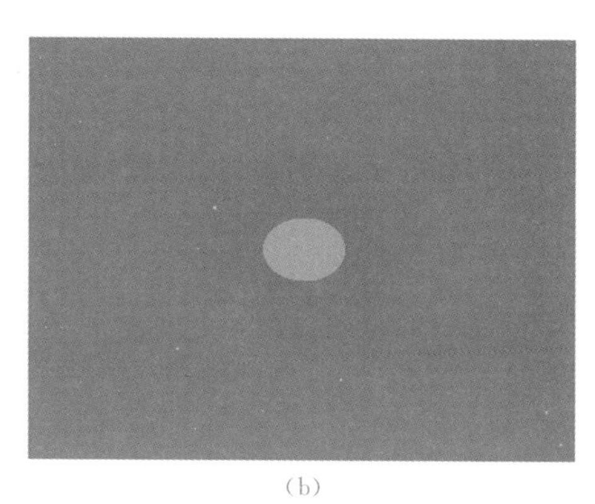
(b)

图 5-40　径向渐变

任务实现

1. 结构分析

首页的头部区域包含一张 Logo 图像和二级菜单导航。版权区域包含版权信息及电子邮件链接。

2. 制作 HTML 页面结构

打开“index.html”文件，根据上面的结构分析，在<header></header>和<footer></footer>标签对添加页面结构。

(1)<header></header>标签对页面结构，代码如下：

```
1  <header>
2  <div>
3  <img src="images/logo2.png"/>
4  </div>
5  <nav>
6  <ul class="menu">
7  <li><a href="#" class="current">网站首页</a></li>
8  <li><a href="#">新闻中心</a>
9  <ul>
10 <li><a href="#">新闻动态</a></li>
11 <li><a href="#">通知公告</a></li>
12 </ul>
13 </li>
14 <li><a href="#">学校介绍</a>
15 <ul>
16 <li><a href="html/intro.html">学校概况</a></li>
17 <li><a href="#">组织结构</a></li>
```

```
18 <li><a href="#">校园风采</a></li>
19 </ul>
20 </li>
21 <li><a href="#">教育教学</a>
22 <ul>
23 <li><a href="#">教学视频</a></li>
24 <li><a href="#">教学资源</a></li>
25 </ul>
26 </li>
27 <li><a href="#">新城党建</a></li>
28 <li><a href="#">家长园地</a>
29 <ul>
30 <li><a href="html/register.html">家长注册</a></li>
31 <li><a href="#">家长登录</a></li>
32 </ul>
33 </li>
34 <li><a href="#">数字化校园</a></li>
35 </ul>
36 </nav>
37 </header>
```

在上述代码中，第 2～4 行代码设置在<div>标签中插入 Logo 图像，第 5～36 行代码设置在<nav>标签中插入二级菜单。

(2)footer 页面结构，代码如下：

```
1 <footer><p>版权所有 CopyRight&copy;2005-2014 新城实验小学<br/>
  联系电话:0552-3170000  邮箱:<a
  href="mailto:123456@qq.com">123456@qq.com</a></p>
2 </footer>
```

3. 设计 CSS 样式

打开"index.css"文件，具体设计如下。

(1)设置导航 nav 的样式，代码如下：

```
1 nav {
2       height:49px;                          /*设置高度*/
3       line-height:49px;                     /*设置行高*/
4       background-image:linear-gradient(0deg, #97D5FE 0%,#67BCF3 20%,#0084D9 100%);
                                              /*设置线性渐变*/
5       border-radius:10px;                   /*设置圆角边框*/
6 }
```

说明：当高度和行高值一样时，可达到文字在垂直方向居中效果。

(2)设置项目列表 ul、li 的样式，代码如下：

```
1 ul, li {
2       list-style:none;/*清除列表 ul、li 内置样式*/
3 }
```

(3)设置菜单导航列表项的样式,代码如下:

```
1  .menu li{
2      float:left;                 /* 设置左浮动 */
3      width:140px;                /* 设置宽度 */
4      height:49px;                /* 设置高度 */
5      line-height:49px;           /* 设置行高 */
6      position:relative;          /* 设置相对定位 */
7  }
```

(4)设置菜单导航的超链接样式,代码如下:

```
1  .menu li a{
2      display:block;              /* 将超链接由行内元素改为块状元素 */
3      text-align:center;          /* 设置文字居中 */
4      font-size:16px;             /* 设置文字大小 */
5      color:#FFF;                 /* 设置字体颜色 */
6  }
```

(5)设置鼠标经过菜单导航和菜单栏目“首页”的样式,代码如下:

```
1  .menu li:hover,.menu li a.current{
2      background:url(../images/menu_bg_on2.png) no-repeat top center;
/* 设置背景图像 */
3  }
```

(6)设置列表项子项目的样式,代码如下:

```
1  .menu li>ul{
2      display:none;               /* 设置项目列表隐藏 */
3      position:absolute;          /* 设置绝对定位 */
4      top:49px;                   /* 设置顶部偏移 */
5      left:0px;                   /* 设置左侧偏移 */
6      background-color:rgba(255,255,255,50%); /* 设置背景颜色、透明度 */
7      z-index:5;                  /* 设置下拉菜单层叠等级 */
8      line-height:25px;           /* 设置背景行高 */
9      border:1px solid #E67817;   /* 设置边框 */
10 }
```

(7)设置子项目超链接的样式,代码如下:

```
1  .menu li>ul li a{
2      color:#E67817;              /* 设置字体颜色 */
3      font-size:12px;             /* 设置字体大小 */
4  }
```

(8)设置鼠标经过项目列表时子项目的样式,代码如下:

```
1  .menu li:hover>ul{
2      display:block;              /* 块状显示 */
3  }
4  .menu li:hover>ul li {
```

```
5        height:30px;
6        line-height: 30px;
7  }
```

(9)设置鼠标经过子项目列表项的样式,代码如下:

```
1  .menu li:hover ul li a:hover{
2        background-color:#E67817;            /*设置背景颜色*/
3        color:#FFFFFF;                        /*设置字体颜色*/
4  }
```

(10)设置版权样式,代码如下:

```
1  footer{
2        background:url(../images/bg_foot.jpg) no-repeat bottom center; /*设置背景图像*/
3        height:200px;                         /*设置高度*/
4        text-align:center;                    /*设置文字居中*/
5        line-height:1.5;                      /*设置行高*/
6  }
```

任务四 制作主体内容部分页面

任务情境

在前面任务中,我们已经将内容 content 模块的布局设计好了,接下来要设计主体的"新城概况"、"新闻动态/通知公告"、"教育视频"和"校园风采"模块内容,效果如图 5-41 所示。

图 5-41 内容 content 模块效果

任务分析

"新城概况"模块内容采用图文混排设计,"新闻动态/通知公告"模块采用插入相应图像设计,"教育视频"模块采用插入视频进行设计,"校园风光"模块也采用插入相应图像进行设计。

知识准备

一、使用 CSS3 设计图文混排

图文混排是网页的经典排版方式之一，通过设置图像浮动实现图文混排效果，是浮动应用技巧的表现之一。

语法格式：

```
img {float:left;}
```

下面来学习图文混排的设计，如[例 5-16]所示。

[例 5-16] 图文混排设计。

```
1  <head>
2  <meta charset="UTF-8"/>
3  <title>图文混排</title>
4  <style>
5  #layout{
6        width:700px;                      /* 设置宽度 */
7        margin:0px auto;                  /* 设置外边距,实现水平居中 */
8        padding:5px;                      /* 设置内边距 */
9        border:1px solid #CCC;            /* 设置边框 */
10 }
11 h1{
12       color:#666;                       /* 设置字体颜色 */
13       font-size:40px;                   /* 设置字体大小 */
14       padding-bottom:15px;              /* 设置下内边距 */
15       border-bottom:2px solid #8FC629;      /* 设置下边框样式 */
16 }
17 p{
18       line-height:180%;                 /* 设置行高 */
19       font-size:12px;                   /* 设置字体大小 */
20 }
21 .pimg{
22       float:left;                       /* 设置左浮动,留出右方位置 */
23       padding:3px;                      /* 设置内边距 */
24       margin:0 15px 5px 0;              /* 设置外边距 */
25       border:1px solid #CCC;            /* 设置边框 */
26 }
27 </style>
28 </head>
```

```
29 <body>
30 <div id="layout">
31 <h1>新城概况</h1>
32 <p><img src="images/img_school.jpg" width="250" height="156" class="pimg"/>新城
   实验小学创建于 2004 年,学校占地 10465 平方米,房屋建筑面积 8250 平方米,建有连廊相连
   的两幢单体教学楼,设有图书馆、科学室、舞蹈房、心理咨询室、阳光电视台、陶艺室、乒乓球馆、
   计算机室、教师休闲阅览室等多个功能室,网络覆盖 100%,校园基本实现数字化……</p>
33 <p>学校秉承 &ldquo;以人为本,将校园建成师生幸福的精神家园 &ldquo;的办学理念,提
   出 &ldquo;学校属于孩子,每个孩子都重要 &ldquo;的核心价值观,形成了 &ldquo;诲人不倦、
   精益求精 &ldquo;的教风和 &ldquo;勤学、巧学、乐学 &ldquo;的学风,学校目前的在校生数为
   2000 人,教师 150 人。</p>
34 </div>
35 </body>
```

运行代码,效果如图 5-42 所示。

图 5-42　图文混排效果

二、插入多媒体元素

网页中常用的多媒体元素有音频、视频和 Flash 动画。音频包括波形音频、MIDI 音频和数字音频三种音频流,常用的格式有.wav、.aif、.mid、.au、.mp3、.ogg。视频包括电影片段或其他视频流,常用的格式有.mov、.avi、.mp4、.3gp、.flv。Flash 动画即用 Flash 软件设计的动画,文件格式为.swf。

在网页中可以通过<embed>标签插入多媒体元素,该标签定义了一个容器,用来嵌入外部应用或者互动程序(插件)。

语法格式:

```
<embed src="多媒体文件路径">您的浏览器不支持 embed 标签</embed>
```

其标签的属性见表 5-9。

表 5-9　<embed>标签的常用属性说明

属性	允许取值	说明
width	pixels	设置嵌入内容的宽度
height	pixels	设置嵌入内容的高度
type	MIME_type	规定嵌入内容的 MIME 类型
src	url	要播放的视频的 URL

下面来学习在网页中插入多媒体元素，如[例 5-17]所示。

[例 5-17] 在网页中播放音频、视频、Flash 动画三种多媒体元素。

```
1 <body>
2 <embed src="video/school. mp4"></embed><br/><! --嵌入视频-->
3 <embed src="video/music. mp3"></embed><br/><! --嵌入音频-->
4 <embed src="video/xiangce. swf" height="80"></embed><! --嵌入 Flash 动画-->
5 <noembed>您的浏览器不支持 embed 标签</noembed>
6 </body>
```

运行代码，效果如图 5-43 所示。

精彩照片，点亮生活

图 5-43　在网页中播放多媒体元素

任务实现

1. 结构分析

“新城概况”模块包含“新城概况”标题行和内容，内容部分利用图文混排实现。“教育视频”模块同样包含了“教育视频”标题行和内容，内容部分用插入视频实现，其他模块通过插入图像实现。

2. 制作 HTML 页面结构

打开“index. html”文件，根据上面的结构分析，在 left、center、right 模块添加页面结构。

(1)left(新城概况)模块页面结构，代码如下：

```
1 <div class="left">
2 <div class="title1"><img src="images/title1. png"/></div>
```

```
3 <div class="about"><img src="images/img_school.jpg" width="130" height="100"/><p>
  新城实验小学创建于2004年，学校占地10465平方米，房屋建筑面积8250平方米，建有连廊相连的两幢单体教学楼，设有图书馆、科学室、舞蹈房、心理咨询室、阳光电视台、陶艺室、乒乓球馆、计算机室、教师休闲阅览室等多个功能室，网络覆盖100%，校园基本实现数字化……
  </p></div>
4 <div class="more"><a href="#">更多》</a></div>
5 </div>
```

(2)center(新闻动态/通知公告)模块页面结构，代码如下：

```
1 <div class="center">
2 <img src="images/tab.png"/></div>
3 </div>
```

(3)right(教育视频)模块页面结构，代码如下：

```
1 <div class="right">
2 <div class="title2"><img src="images/title2.png"/></div>
3 <div class="shipin"><embed src="media/school.mp4" width="230" height="180"/>
  </div>
4 <div class="more"><a href="#">更多》</a></div>
5 <div class="clear"></div>
6 </div>
```

(4)banner模块页面结构，代码如下：

```
1 <div class="banner"><img src="images/banner.png"/></div>
```

(5)“校园风采”模块页面结构，代码如下：

```
1 <div class="scroll_pic">
2 <div class="title3">
3 <img src="images/img_xyfc.jpg" />
4 </div>
5 <div class="focusimg">
6 <img src="images/xyfc2.jpg" />
7 </div>
8 </div>
```

3.定义CSS样式

(1)设置“新城概况”和“教育视频”标题行共同样式，代码如下：

```
1 .content .title1,.content .title2{
2     height:40px;                    /*设置高度*/
3     line-height:40px;               /*设置行高*/
4 }
```

(2)设置“新城概况”内容区的图像样式，让图像左浮动，达到图文混排效果，代码如下：

```
1 .column1 .about img{
2     border:1px solid #000;          /*设置1像素、实线、黑色边框*/
3     margin-right:8px;               /*设置右外边距*/
4     margin-bottom:5px;              /*设置下外边距*/
```

```
5        float:left;                /*设置左浮动*/
6   }
```

(3)设置"新城概况"内容区段落样式,代码如下:

```
1   .column1 .about p{
2        line-height:1.5;                   /*设置行高*/
3        letter-spacing:0.1em;              /*设置字符间距为0.1个字符*/
4        text-indent:2em;                   /*设置首行缩进为2个字符*/
5   }
```

(4)设置"更多"文字样式,代码如下:

```
1   .column1 .more{
2        text-align:right;                  /*设置文字右对齐*/
3        margin-top:5px;                    /*设置上外边距*/
4        margin-right:15px;                 /*设置右外边距*/
5   }
```

(5)设置"教育视频"内容区样式,代码如下:

```
1   .column1 .shipin{
2        width:230px;               /*设置宽度*/
3        height:180px;              /*设置高度*/
4        margin:5px auto;           /*设置外边距,上、下为5像素,水平居中*/
5   }
```

(6)设置"校园风采"标题和全图排版样式,代码如下:

```
1   .scroll_pic .title3{
2        height:40px;                    /*设置高度*/
3   }
4   .scroll_pic .focusing img{
5        width:1000px;                   /*设置宽度*/
6        height:150px;                   /*设置高度*/
7        margin-right:20px;              /*设置右外边距*/
8        float:left;                     /*设置左浮动*/
9   }
```

经验指导

1.浮动定位常用于让多个盒子进行横向排列,但浮动元素脱离了标准流,会导致父元素无法被撑开,解决方法有:

(1)设置父元素高度为固定值;

(2)在父元素中添加清除属性,代码如下:

```
.clear:after{display:block;clear:both;content:".";visibility:hidden;height:0;}
.clear{zoom:1;}
```

2.绝对定位相对于有 position 属性的父级元素进行定位,如果父级元素没有 position 定位,那么就找父级的父级,直到找到 position 定位为止。如果向上找不到 position 定位,那么就以最外层的 body 进行定位,但绝对定位不会保留原有的空间位置。为了更好地控制,可以将该对象的父对象相对定位。

项目总结

通过本项目的学习，学生能够理解盒模型、浮动、定位的含义，了解网页中常用多媒体的格式，会灵活运用盒模型、浮动、定位配以 CSS 样式进行网页布局设计、导航菜单设计、图文混排设计，会根据需求在网页中插入各种类型的多媒体元素。

拓展练习

综合运用所学知识，利用 HTML5 语义标签，完成“海南旅游网”首页设计，效果如图 5-44 所示。

图 5-44 “海南旅游网”首页

训练 1：“海南旅游网”首页布局设计

利用 HTML5 语义标签、盒模型和浮动布局完成“海南旅游网”首页布局设计，效果如图 5-45 所示。

具体要求：

1. 网页主体部分宽度为 960 像素，高度自适应，且在网页的正中间显示。
2. 具体模块及大小如图 5-45 所示。
3. 清除所有的默认边距和边框，清除列表默认的项目符号。
4. 设置超链接各状态无下划线，文本颜色为黑色效果。
5. 设置清除浮动效果。
6. 设置主体部分字体大小为 12 像素。

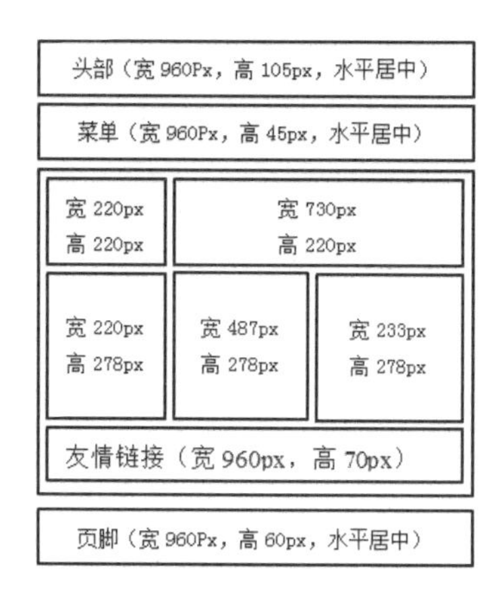

图 5-45 “海南旅游网”首页布局设计

训练 2： “海南旅游网”首页头部设计

具体要求：

在头部插入三张图像，分别是 logo.jpg、head_1.jpg 和 head_2.jpg。

训练 3： “海南旅游网”导航设计

利用项目列表制作菜单导航，当鼠标移到列表项内超链接文字上时，列表项出现红色（＃F33）背景，如图 5-46 所示。同时当鼠标移到最后一个列表项“热门推荐”上时会出现下拉菜单，如图 5-47 所示。

图 5-46 鼠标移到列表项文字上时效果

图 5-47 鼠标移到最后一个列表项上时效果

具体要求：

1. 导航每个栏目都设置空链接。

2. 导航背景图像为“nav_bj.jpg”，且从左上角开始水平方向重复。

3. 列表的宽度为 850 像素，居中显示。

4. 列表项宽度为 100 像素，列表项内文字在水平、垂直方向居中对齐。

5. 导航内超链接文字大小为 14 像素，加粗显示，文本颜色为“白色”，字与字的距离为 1 像素，无下划线，鼠标移到文字上时，背景颜色变为＃F33，如图 5-46 所示。

6. 鼠标移到最后一个列表项“热门推荐”上出现二级下拉菜单，如图 5-47 所示，该菜单的宽度为 390 像素，高度为 260 像素，离父元素顶部 46 像素，背景颜色为＃F8F7F5。

7. 该下拉菜单有 3 个列表项，第一个列表项内容：三亚旅游、亚龙湾、蜈支洲岛、蝴蝶谷、天涯海角；第二个列表项内容：西岛旅游、东西玳瑁洲、椰梦长廊、牛鼻仔岭、南天一柱；第三个列表项内容：海口旅游、观澜湖明星之旅、火山文化之旅、人与自然之旅、老街文化之旅、“最海口”美食之旅。每个列表项头条内容没有设置超链接，其余都设置空链接。

8. 下拉菜单列表项大小为 130 像素×250 像素，左浮动。

9. 利用伪选择器设置下拉菜单列表项文字“三亚旅游”“西岛旅游”“海口旅游”加粗显示。

10. 设置下拉菜单列表项超链接文字文本颜色为“黑色”，正常显示（不加粗），字体大小为 1 个字符。

11. 鼠标移到下拉菜单超链接文字上时背景变成白色。

训练 4：“海南旅游网”主体内容上半部分设计

利用插入图像多媒体元素，完成“海南旅游网”主体内容上半部分设计，如图 5-48 所示。

图 5-48 “海南旅游网”主体内容上半部分效果

具体要求：

1. 主体内容上半部分分为“今日三亚”和宣传栏两大模块。其中“今日三亚”模块标题插入图像“tq_title.jpg”，内容插入动画“hn.swf”，宽度为 219 像素，高度为 175 像素。

2. 设置主体内容上半部分上外边距为 2 像素，下外边距为 5 像素。为“今日三亚”模块设置宽度为 1 像素，线型为实线，颜色为 #BD9A4D 的边框线。

3. 宣传栏模块插入图像“gd.jpg”，设置该模块左外边距为 5 像素。

训练 5：“海南旅游网”主体内容下半部分设计

利用项目列表、背景定位、图文混排等相关知识，完成“海南旅游网”主体内容下半部分设计，效果如图 5-49 所示。

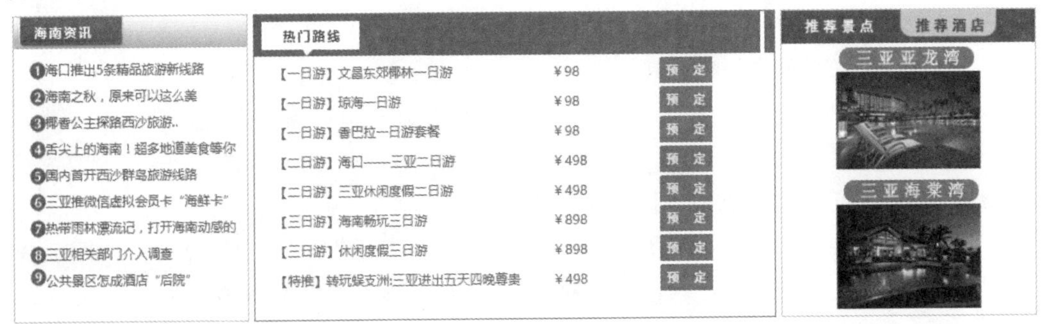

图 5-49 “海南旅游网”主体内容下半部分效果

具体要求：

1. 主体内容下半部分分为“海南资讯”、“热门路线”和 Tab 面板切换三大模块，每个模块都设置了“1px ＃97D0FF solid”的边框线。其中“海南资讯”模块标题文字为“海南资讯”，“热门路线”模块标题文字为“热门路线”。Tab 面板模块插入图像“tab. png”，宽度为 237 像素，高度为 275 像素。

2.“海南资讯”栏目标题高度为 29 像素，背景为 title_bj. jpg，不重复。标题文字大小为 12 像素，颜色为白色，垂直方向居中对齐，左外边距为 20 像素，字符间距为 2 像素。

3.“海南资讯”内容列表左外边距为 15 像素，上外边距为 8 像素，宽度为 190 像素。

4. 为“海南资讯”热 9 条信息设置超级链接，头条信息超链接到“news. html”文件，剩下的为空链接。超链接行高为 23 像素，背景为白色，无下划线，文本颜色为 ＃226DB1，鼠标移到文字上面时文本颜色变为＃ FF7733。

5.“海南资讯”内容列表项大小为 190 像素×24 像素，背景图像为“shu. png”，水平靠左、垂直居中，背景不重复，内容溢出部分隐藏，左外边距为 15 像素。且采用背景定位技术让每条信息列表前面出现不同的图像内容，每个内容之间相距 15 像素。

6.“热门路线”模块左外边距为 5 像素。

7.“热门路线”栏目标题背景为“m_title_bj. gif”，不重复。标题文字左外边距为 28 像素，文本大小为 12 像素，文本颜色为＃20517E，水平、垂直方向居中对齐，字符间距为 2 像素。

8.“热门路线”下面 8 条信息，每条高度为 24 像素，左外边距为 20 像素，上外边距为 3 像素，文字垂直居中。其中路线标题模块宽度为 240 像素，价格模块宽度为 80 像素，预订模块插入图像“btn_yd. gif”，宽度为 50 像素，实现图文混排效果。

9. 为“热门路线”下面 8 条信息设置超链接，效果与“海南资讯”一样。

10.“Tab 面板”模块左外边距为 5 像素。

训练 6：“海南旅游网”友情链接及页脚部分设计

利用页脚、段落等标签完成友情链接及页脚部分设计，效果如图 5-50 所示。

友情链接

中国国旅　中国青旅　侠客邦旅游　中国康辉旅行社　广之旅　同程网　海南旅游　欧洲旅游　中信旅游　上海春秋国旅

咨询电话：400-0990-*** 预定热线：0898-********（国内游）0898-*********（出境游）传真：0898-********

图 5-50　“海南旅游网”友情链接及页脚部分

具体要求：

1.“友情链接”模块内容为：中国国旅、中国青旅、侠客邦旅游、中国康辉旅行社、广之旅、同程网、海南旅游、欧洲旅游、中信旅游、上海春秋国旅，且都设置空链接，超链接效果与“海南资讯”下面信息一样。

2.“友情链接”模块上外边距为 5 像素，边框为“1px ＃57C4FF solid”。

3.“友情链接”栏目标题背景图像为“ink_bj. jpg”，水平方向重复，高度为 28 像素。文字效果与“海南资讯”栏目标题一样。

4.“友情链接”模块内容外边距为 10 像素。

5. 页脚模块设置上外边距为 5 像素，文本居中。段落设置行高为 24 像素，上、下外边距为 15 像素，文本颜色为＃2C2C2C。

项目六

HTML5 表格与表单
——“用户注册”页面设计

项目概述

网站设计中离不开网站与客户的数据交互，注册页面主要用来采集用户的数据信息，与后台进行交互，用于给用户提供更好的服务。简单、易于操作的注册页面可以直接提升用户体验的满意度，增强网站的功能性。

新城实验小学的“用户注册”页面主要包括了用户的用户名、密码、联系方式、孩子相关信息等信息的注册。在制作该页面时，我们利用表格标签进行页面布局以使页面更加美观有序，利用表单标签来接收用户输入的注册信息。效果如图 6-1 所示。

图 6-1 “用户注册”页面效果

学习目标

1. 掌握与表格相关的 HTML5 标签，会使用表格在网页中进行布局。
2. 掌握与表格相关的 CSS3 属性，会使用它们对表格进行美化。
3. 掌握与表单相关的 HTML5 标签，会使用表单在网页中进行各种数据的采集。
4. 掌握与表单相关的 CSS3 属性，会使用它们美化表单。
5. 会利用表格及表单设计用户注册页面。

知识要求

知识要点	能力要求	关联知识
表格的相关控件	掌握	<table></table>、<tr></tr>、<td></td>、<th></th>、<caption></caption>等控件
表单的相关控件	掌握	<form></form>、<input/>、<select></select>、<textarea></textarea>等控件

任务一 设计表格布局

任务情境

我们通常看到的用户注册都显示在网页的某个区域，而且注册信息中的文字标题都整齐排列在一列，填写的内容也是整齐排列的，这样的显示效果都是用表格<table>标签设计的，效果如图 6-2 所示。

图 6-2 “用户注册”页面布局

任务分析

“用户注册”页面利用表格对表单内用户注册的内容进行排版布局，表单内包含了11项用户注册内容，还有一个表头标题行，一个表尾的提交按钮行。所以需要布局一个13行2列的表格，在表格内插入表单及表单控件，并利用CSS3美化页面。

知识准备

一、HTML5表格标签

表格由<table></table>标签对来定义。每个表格均有若干行(由 <tr> 标签定义)，每行被分割为若干单元格(由 <td> 标签定义)。

1. 表格标签<table>

<table>标签为表格的主体标签，属于双标签，所有的表格内容必须被包含在<table></table>之间。常用属性见表6-1。

表6-1　<table>标签常用属性

属性	说明
width	表格宽度，可以表达为具体数值，也可以用百分比%形式表达
border	表格边框粗细。数值越大，边框越粗(0代表无边框)
cellspacing	单元格间距，即单元格与单元格之间的距离
cellpadding	单元格边距，即单元格内容与其边框之间的空白距离
frame	边框属性，用来控制表格边框的显示效果 (frame属性无法在Internet Explorer中正确显示)

2. 标题标签<caption>

<caption></caption>标签对表格的标题标签，属于双标签，显示效果为在表格之上，默认居中。

3. 行标签<tr>

<tr>标签为表格的行标签，属于双标签。表格的每一行都对应一个<tr></tr>标签对。

如：<table><tr></tr></table>。

4. 表头标签<th>

<th>标签为表格的表头标签，属于双标签。大多数浏览器会把表头显示为粗体居中的文本。一般位于表格的第一行或是第一类，用于显示表格中的数据名称。

如：<table><tr><th></th></tr></table>。

5. 单元格标签<td>

<td>标签为表格的单元格标签，它是一个双标签。<td>标签必须要写在<tr>标签内部，可以书写多个。单元格内可以插入各种网页元素，如文本、图像、列表、段落、表

单、水平线、表格等。

如：<table><tr><td></td></tr></table>。

下面来学习表格标签的使用，如[例 6-1]所示。

[例 6-1] 表格基本结构。

```
1  <table width="300" border="1" cellspacing="1" cellpadding="1">
2  <caption>成绩单</caption>
3  <tr>
4  <th>课程名称</th>
5  <th>成绩</th>
6  </tr>
7  <tr>
8  <td>语文</td>
9  <td>95</td>
10 </tr>
11 <tr>
12 <td>数学</td>
13 <td>98</td>
14 </tr>
15 </table>
```

在上述代码中，第 1 行代码中的 width="300"设置表格宽度为 300 像素，border="1"设置边框宽度为 1 像素，cellspacing="1"设置单元格间距为 1 像素，cellpadding="1"设置单元格边距为 1 像素，第 2 行中的<caption>设置表格的标题，第 4 行中的<th>设置表格的表头，第 7～14 行代码设计表格为 2 行，每行有 2 个单元格。

运行代码，效果如图 6-3 所示。

成绩单

课程名称	成绩
语文	95
数学	98

图 6-3　表格基本结构效果

二、跨行或跨列的表格单元格

在表格的设计过程中，经常会遇到合并单元格的需求。可以通过单元格的 colspan 属性和 rowspan 属性来对多行和多列进行合并。

1. 合并多列

语法格式：

```
<td colspan="数字">
```

可以把一行中的多个单元格合并。

下面来学习跨行表格单元格的使用，如[例 6-2]、[例 6-3]所示。

【例 6-2】 合并三列的表格。

```
1 <table width="200" border="1" cellspacing="1" cellpadding="1">
2 <tr>
3 <td colspan="3">第一学期期末成绩</td>
4 </tr>
5 <tr>
6 <td>数学</td>
7 <td>语文</td>
8 <td>英语</td>
9 </tr>
10 <tr>
11 <td>95</td>
12 <td>78</td>
13 <td>89</td>
14 </tr>
15 </table>
```

在上述代码中，第 3 行代码设置合并三列。

运行代码，效果如图 6-4 所示。

第一学期期末成绩		
数学	语文	英语
95	78	89

图 6-4 合并三列的表格效果

2. 合并多行

语法格式：

```
<td rowspan="数字">
```

可以把一列中的多个单元格合并。

【例 6-3】 合并两行的表格。

```
1 <table width="300" border="1" cellspacing="1" cellpadding="1">
2 <tr>
3 <td width="131">班级名称</td>
4 <td>性别</td>
5 <td>人数</td>
6 </tr>
7 <tr>
8 <td width="131" rowspan="2">计算机应用 051 班</td>/ * 合并两行 * /
9 <td width="80">男</td>
10 <td width="71">16 人</td>
11 </tr>
12 <tr>
```

```
13 <td>女</td>
14 <td>20 人</td>
15 </tr>
16 <tr>
17 <td rowspan="2">计算机应用 052 班</td>
18 <td>男</td>
19 <td>20 人</td>
20 </tr>
21 <tr>
22 <td>女</td>
23 <td>24 人</td>
24 </tr>
25 </table>
```

在上述代码中，第 8 行代码设置合并两行。

运行代码，效果如图 6-5 所示。

班级名称	性别	人数
计算机应用051班	男	16人
	女	20人
计算机应用052班	男	20人
	女	24人

图 6-5　合并两行的表格效果

任务实现

1. 结构分析

“用户注册”页面布局设计采用一个 13 行 2 列的表格进行布局，其中第一行和最后一行分别合并，结构如图 6-6 所示。

<table>

<th>		
<td>	<td>	<tr>
<td>	<td>	<tr>
<td>	<td>	<tr>
<td>	<td>	<tr>
<td>	<td>	<tr>
<td>	<td>	<tr>
<td>	<td>	<tr>
<td>	<td>	<tr>
<td>	<td>	<tr>
<td>	<td>	<tr>
<td>	<td>	<tr>
<td>		<tr>

图 6-6　用户注册表格结构

2. 制作 HTML 页面结构

打开“register. html”文件，根据上面的结构分析，在<body>标签中添加页面结构，代码如下：

```
1  <body>
2  <div class="box">
3  <header>
4  <div class="logo"><img src="image/logo2. png" /></div>
5  </header>
6  <section class="main">
7  <table cellspacing="2" cellpadding="0" width="100%">
8  <tr><th colspan="2">用户注册   <span>(以下带 * 信息为必填项)
   </span></th></tr>
9  <tr><td class="bt" width="15%"><span>*用户名</span></td><td> </td>
10 </tr>
11 <tr><td class="bt"><span>*密   码</span></td><td> </td>
12 </tr>
13 <tr><td class="bt"><span>*确认密码</span></td><td> </td></tr>
14 <tr><td class="bt"><span>*手机号码</span></td><td> </td></tr>
15 <tr><td class="bt"><span>邮   箱</span></td><td> </td>
16 </tr>
17 <tr><td class="bt"><span>孩子性别</span></td><td> </td></tr>
18 <tr><td class="bt"><span>孩子出生日期</span></td><td> </td></tr>
19 <tr><td class="bt"><span>父母最高学历</span></td><td> </td></tr>
20 <tr><td class="bt"><span>孩子爱好</span></td><td> </td></tr>
21 <tr><td class="bt"><span>个性头像</span></td><td> </td></tr>
22 <tr><td class="bt"><span>家庭住址</span></td><td> </td></tr>
23 <tr class="btn"><td colspan="2"> </td></tr>
24 </table>
25 </section><div class="right"><img src="image/registerchild. png" /></div>
26 <footer class="foot">版权所有 CopyRight &copy; 2005-2014 新城实验小学</footer>
27 </div>
28 </body>
```

在上述代码中，第 7 行代码设置表格单元格边距为 0，单元格间距为 2 像素。第 8 行代码“<th colspan="2">用户注册   <span>(以下带 * 信息为必填项)</span></th>”合并第一行两列为一列。第 23 行代码“<td colspan="2"> </td>”将最后一行两列合并为一列。

3. 设计 CSS 样式

打开“form. css”文件，具体设计如下。

(1)整体布局设计

```
1  *{margin:0px;padding:0px,opc;}
2  .box{ background:url(image/registerbg. jpg); width:1024px; height:778px;margin:0 auto;
   font-size:12px; position:relative;}
```

```
3  .logo{ margin-left:65px; padding-top:20px;}
4  .main { width: 700px; margin-left: 170px; border: 3px solid # ADCB39; background:
   #FFFEF4; padding:10px;}
5  .right{ position:absolute; right:130px; bottom:170px;}
6  .foot{ position:absolute; bottom:10px; left:350px;}
```

(2)表格行样式

```
1  tr{height:40px;                        /*设置表格行高*/
2  line-height:40px;                      /*设置表格行文本高度*/
3  background:#EEE;                       /*设置行背景颜色*/}
```

(3)表头样式

```
1  th{font-size:18px;                     /*设置字体大小*/
2  color:#FFF;                            /*设置字体颜色*/
3  font-family:"黑体";                    /*设置字体样式*/
4  text-align:center;                     /*文本居中*/
5  background:#F90;                       /*设置表格背景颜色*/
6  border:0 0 3px 0;                      /*设置表头下边框*/
7  border-bottom:3px solid #ADCB39;       /*设置表头下边框样式*/}
8  tr th span{font-size:12px;             /*设置表头的<span>字体为12像素*/}
9  tr td span{
10     margin-left:20px;                  /*设置单元格文本的左外边距*/
11     color:#E78544;                     /*设置单元格文本颜色*/
12 }
```

(4)单元格样式

```
1.  bt{color:#F90;                        /*设置字体颜色*/
2  font-weight:bold;                      /*设置字体粗细*/}
```

任务二 设计与美化表单

任务情境

表单主要用来提交数据信息，实现与服务器的交互，表单中用来填写数据信息并将这些信息传送给服务器的控件叫作“表单控件”，本任务将利用表单控件制作用户注册页面。效果如图 6-7 所示。

任务分析

通过对图 6-7“用户注册”页面效果图的分析，该页面中共有 11 项表单控件，分别为单行文本输入框、密码输入框、电话号码输入字段、E-mail 地址的文本字段、单选按钮、日期/时间控件、下拉菜单、复选框、文件域、文本区域、按钮控件，如图 6-8 所示。

新城实验小学
XINCHENG EXPERIMENTAL SCHOOL
用户注册 (以下带 * 信息为必填项)
*用户名 请输入用户名 8-16位字母，数字的组合，可以包含_且首字母必须是字母
*密 码 请输入密码 数字或者字母，且长度至少为6位
*确认密码
*手机号码 11位数字
邮 箱 **@**.com
孩子性别 男孩 女孩
孩子出生日期 年 /月/日
父母最高学历 本科
孩子爱好 唱歌 跳舞 绘画 棋类 运动 机器人
个性头像 选择文件 未选择任何文件
家庭住址 请输入您的家庭所在地址
提交 重置
版权所有 CopyRight © 2005-2014 新城实验小学

图 6-7 添加表单后的“用户注册”页面效果

图 6-8 “用户注册”页面表单结构分析

知识准备

一、表单概述

表单在网页中主要负责数据采集，是网站访问者与后台服务器之间进行信息传递的重要工具，经常用于设计用户注册页面、用户登录页面、留言板页面、搜索框等。一个表单通常由两个部分组成。如图 6-9 所示，一个是表单域标签<form>，用来定义采集数据的范围以及数据提交到服务器的方法；另外一个是表单项控件，其中包含了单行文本输入框、密码输入框、隐藏域、复选框、单选按钮、文件域等。除此之外，大部分表单还会对各个表单项控件添加输入提示信息，帮助用户进行输入，提升用户的使用体验。

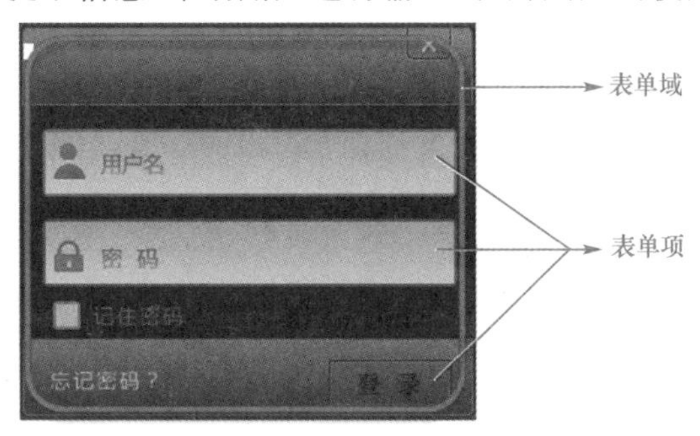

图 6-9　表单结构

二、表单域标签<form>

表单域标签<form>用于表单的申明，相当于一个容器，定义了采集数据的范围。被<form></form>标签对包含的数据都会被提交到服务器或者电子邮件里。

语法格式：

```
<form action="url 地址" method="提交方式" name="表单名称">
各种表单项控件
</form>
```

表单域控件相关属性见表 6-2。

表 6-2　<form>标签常用属性

属性	功能
action	用于指定接收并处理表单数据的服务器程序的地址。其值可以是一个 URL 地址或一个电子邮件地址。 如：action="form-do. asp"或 action="mailto:formaction@163. com "
method	用于设置提交表单数据的 HTTP 方法，其值为 post 或者 get。 post：保密性好，并且无数据量的限制。 get：这种方式提交的数据将显示在浏览器的地址栏中，保密性差，且有数据量的限制，不推荐使用。 如：method="post" 或 method="get"

（续表）

属性	功能
name	用于设置表单的名称，方便区分同一个页面中的多个表单
autocomplete	用于设置是否自动完成表单字段内容，其值为 on 或者 off
novalidate	用于设置在提交表单时取消对表单进行有效的检查。为表单设置该属性时，可以关闭整个表单的验证，这样可以使<form>内的所有表单控件不被验证

三、常见表单项控件

1. <input/>标签

<input/>标签是表单中用途最广泛的表单项控件，使用它可以创建单行文本输入框、单选按钮、复选框、按钮控件、文件域等。

其基本语法格式：

<input type="控件类型" name="控件名称" value="默认值"/>

<input/>标签相关属性见表 6-3，其中 type 为必填项。

表 6-3　<input/>标签常用属性

属性	属性值	说明
type	text	单行文本输入框
	password	密码输入框
	radio	单选按钮
	checkbox	复选框
	email	E-mail 地址的文本字段
	url	URL 的文本字段
	color	拾色器
	Date pickers(date、month、week、time、datetime、datetime-local)	日期/时间控件
	number	数字输入域
	range	一定范围内的数字输入域
	search	搜索域
	tel	电话号码输入字段
	button	普通按钮
	submit	提交按钮
	reset	重置按钮
	image	图像形式的提交按钮
	hidden	隐藏域
	file	文件域

（续表）

属性	属性值	说明
name	由用户自定义	控件的名称
value	由用户自定义	input 控件中的默认文本值
size	正整数	input 控件在页面中的显示宽度
readonly	readonly	该控件内容为只读(不能编辑修改)
disabled	disabled	第一次加载页面时禁用该控件(显示为灰色)
checked	checked	定义选择控件默认被选中的项
maxlength	正整数	控件允许输入的最多字符数
autofocus	autofocus	指定页面加载后是否自动获取焦点
required	required	设置是否为必填字段
max、min、step	数值	设置输入框所允许的最大值、最小值和间隔
pattern	字符串	验证输入内容是否与定义的正则表达式匹配
form	form 元素的 id	设置字段属于哪一个或多个表单
list	list 元素的 id	指定字段的候选数据值列表
placeholder	字符串	提供可描述输入字段预期值的提示信息

为了让大家对 type 属性的各种表现形式有更好的理解，下面我们对它们做一下简单的介绍。

(1)单行文本输入框

语法格式：

```
<input type="text">
```

单行文本输入框常用来输入简短的信息，如用户名、账号、证件号码等，常用的属性有 name、value、maxlength。

(2)密码输入框

语法格式：

```
<input type="password"/>
```

密码输入框一般用来输入密码，其输入的内容将不会显示出来，而是以圆点的形式显示。

(3)单选按钮

语法格式：

```
<input type="radio"/>
```

单选按钮用于单项选择，在定义单选按钮时，请注意要为同一组中的选项指定相同的 name 值，如

```
<input type="radio" name="gender" value="male"/>男
<input type="radio" name="gender" value="female"/>女
```

这样“单选”才会生效。

对其应用 value 属性，当单击按钮时，就会将对应的 value 值提交给服务器。如选择“男”，则传递值“male”给服务器；选择“女”，则传递值“female”给服务器。

(4)复选框

语法格式：

```
<input type="checkbox"/>
```

复选框常用于多项选择，如选择兴趣、爱好等，可对其应用 checked 属性，指定默认选中项。其 value 属性的用法与单选按钮相同。

(5)普通按钮

语法格式：

```
<input type="button"/>
```

普通按钮常应用于 JavaScript 脚本语言中，在后面的项目中我们会介绍。

(6)提交按钮

语法格式：

```
<input type="submit"/>
```

提交按钮用于表单的数据提交，用户完成信息的输入后，一般都需要单击提交按钮才能完成表单数据的提交。其 value 属性用于改变提交按钮上的显示文本。

(7)重置按钮

语法格式：

```
<input type="reset"/>
```

重置按钮用于清空当前的所有输入，当用户输入的信息有误时，可单击重置按钮清空已输入的所有表单信息。它的 value 属性作用与提交按钮相同，用于改变按钮上的显示文本。

(8)图像形式的提交按钮

语法格式：

```
<input type="image"/>
```

图像形式的提交按钮用图像替代了默认的按钮，外观上更加美观。需要注意的是，只有为其定义 src 属性指定图像的 URL 地址才能显示出图形按钮。

(9)隐藏域

语法格式：

```
<input type=" hidden"/>
```

隐藏域对于用户是不可见的，通常用于后台的程序。

(10)文件域

语法格式：

```
<input type="file"/>
```

当定义文件域时，页面中将出现一个文本输入框和一个“浏览”按钮，用户可以通过填写文件路径或直接选择文件的方式，将文件提交给后台服务器。

下面来学习表单及<input/>标签及常用属性，如[例 6-4]所示。

[例 6-4] 表单及<input/>标签属性使用。

```
1  <form action="#" method="post" name="myForm">
2  用户名：<input type="text" name="username" value="李四" size="20" maxlength="10"/>
   <br/><br/>
3  密码：<input type="password" name="password" value="请输入密码"/><br/><br/>
```

```
4  年龄:<input type="number" max="200" min="0"/><br/><br/>
5  请输入搜索的关键字:<input type="search"/><br/><br/>
6  颜色:<input type="color"/><br/><br/>
7  喜欢的程度:<input type="range"/><br/><br/>
8  性别:<input type="radio" name="gender" value="man"/>男
9  <input type="radio" name="gender" value="female"/>女<br/><br/>
10 兴趣:<input type="checkbox" name="interest" value="sing"/>唱歌
11 <input type="checkbox" name="interest" value="dance"/>跳舞
12 <input type="checkbox" name="interest" value="其他" checked="checked" disabled=
   "disabled"/>其他<br/><br/>
13 头像:<input type="file" name="pic"/><br/><br/>
14 <input type="submit" value="提交"/>
15 <input type="reset" value="重填"/>
16 <input type="button" value="普通按钮"/>
17 <input type="image" src="down. png "/>
18 </form>
```

在上述代码中,第 2 行代码设置单行文本输入框,默认值为“李四”,显示长度为 20 个字符,允许输入的最大字符数为 10,第 3 行代码设置密码输入框,默认值为“请输入密码”,第 4 行代码设置数字输入域,最小值为 0,最大值为 200,第 5 行代码设置搜索域,第 6 行代码设置拾色器,第 7 行代码设置一定范围内的数字输入域,第 8、9 行代码设置单选按钮,第 10、11、12 行代码设置复选框,第 13 行代码设置文件域,第 14 行代码设置提交按钮,第 15 行代码设置重置按钮,第 16 行代码设置普通按钮,第 17 行代码设置图形按钮。

运行代码,效果如图 6-10 所示。

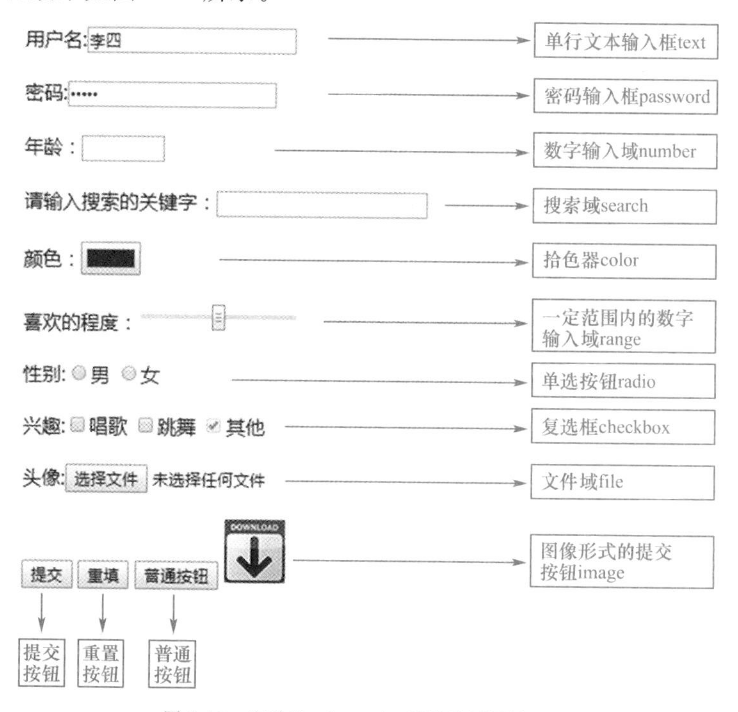

图 6-10 表单及<input/>标签常用属性展示

2. <label>标签

<label>标签用于显示表单项控件的提示信息，与普通文本不同的地方在于使用<label>标签可以把元素与文本结合起来。当单击<label>标签时，或者按下<label>标签的快捷键时，会产生相当于单击此元素相同的效果。

语法格式：

```
<label for="控件 ID">提示文本</label>
```

或用<label></label>直接包含文本和元素。

下面来学习<label>标签及常用属性，如[例 6-5]所示。

[例 6-5] <label>标签的使用。

```
1  <label>用户名：<input type="text" name="username" value="李四" size="20" maxlength="10"/></label>
2  性别：<input type="radio" name="gender" value="man" id="nan"/><label for="nan">男</label>
3  <input type="radio" name="gender" value="female" id="nv"/><label for="nv">女</label><br/><br/>
```

运行上述代码，当我们单击“用户名”时，光标会自动移动到用户名输入框中，同样，单击文字“男”或“女”时，相应的单选按钮同样会处于选中状态。

3. <textarea>标签

使用<input/>标签，我们可以创建一个单行文本输入框，但是如果需要创建一个大量数据的输入区域，比如说留言板，用<input/>标签就不再合适，这时，我们可以使用<textarea>标签。

<textarea>标签用于多行的文本输入，其文本区域中可容纳大容量的文本。

语法格式：

```
<textarea cols="每行中的字符数" rows="显示的行数">
文本内容
</textarea>
```

下面来学习<textarea>标签及常用属性，如[例 6-6]所示。

[例 6-6] <textarea>标签的使用。

```
自我介绍：<br/><textarea rows="8" cols="30"></textarea><br/><br/>
```

运行代码，效果如图 6-11 所示。

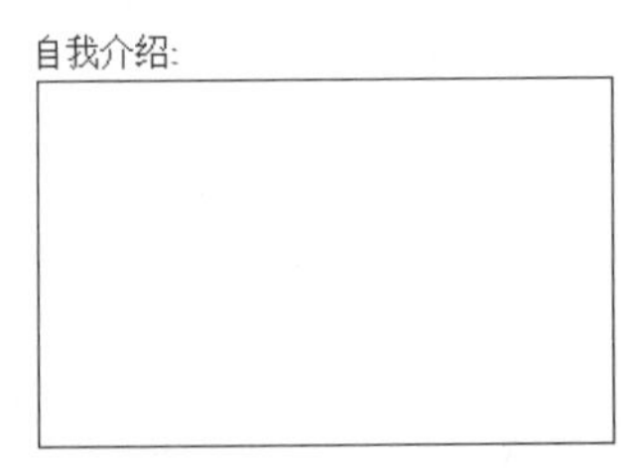

图 6-11 <textarea>标签显示效果

可以通过 cols 和 rows 属性来规定 textarea 的尺寸，不过更好的办法是使用 CSS3 的 height 和 width 属性。

4. <select>标签

在创建网页时，一些输入选项较多时，使用单选按钮或者复选框就不太合适，比如说民族、国家、省份、城市、出生年月等。像这样的情况，一般会选择使用下拉菜单<select>来帮助用户输入。如图 6-12 所示，平时下拉菜单是收起的，当单击右侧的下拉箭头时，即可打开菜单，看到输入选项。

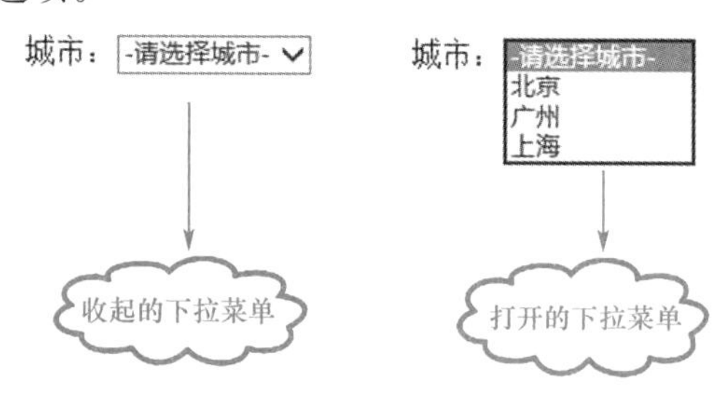

图 6-12　下拉菜单

语法格式：

```
<select>
<option>选项 1</option>
<option>选项 2</option>
<option>选项 3</option>
……
</select>
```

<select>标签中嵌套的<option></option>标签对设置下拉菜单中的具体选项，每个标签对代表一个选项。一个<select></select>标签对中至少应包含一个<option></option>标签对。

<select>标签还定义一些属性标签对，用于修改下拉菜单的外观，具体见表 6-4。

表 6-4　<select>标签常用属性

标签名	属性	说明
<select>	size	指定下拉菜单的可见选项数(取值为正整数)
	multiple	定义 multiple="multiple"时，下拉菜单将具有多项选择的功能，方法为按住 Ctrl 键同时选择多项
<option>	selected	定义 selected="selected "时，当前项即默认选中项

下面来学习<select>标签及常用属性，如[例 6-7]所示。

[例 6-7] 利用 select 标签设计下拉菜单。

```
1  城市：<select size="2" multiple="multiple">
2  <option value="" selected="selected">-请选择城市-</option>
3  <option value="bj">北京</option>
4  <option value="gz">广州</option>
5  <option value="sh">上海</option>
6  </select>
```

在上述代码中，第 1 行代码设置下拉菜单显示 2 行，可以多选，第 2～5 行代码设置下拉菜单中的具体选项，其中第 2 行代码同时设置下拉菜单默认选中选项。

在实际网站前端开发过程中，当存在很多选项时有时候需要对下拉菜单中的选项进行分组，这样要想找到相应的选项就会更加容易。如图 6-13 所示为选项分组后的下拉菜单中选项的展示效果。

要想实现如图 6-14 所示的效果，我们需要在<select>标签中加入<optgroup>标签，用于给<option>标签分组，代码如图 6-14 所示。

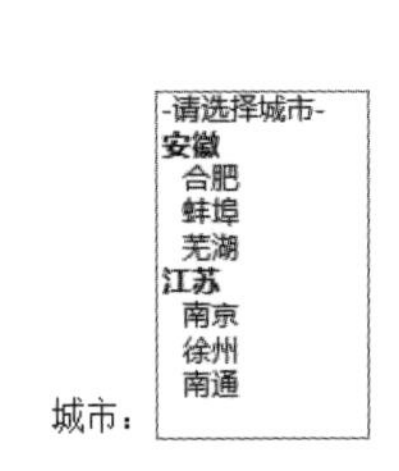

图 6-13　选项分组的下拉菜单

图 6-14　选项分组的下拉菜单代码演示

5. <datalist>标签

<datalist>标签用于定义输入域的选项列表，即与<input/>标签配合定义<input/>标签可能的值。列表通过<datalist>标签内的<option>标签创建，可以使用<input/>标签的 list 属性引用<datalist>标签的 id 属性。

下面来学习<datalist>标签用法，如[例 6-8]所示。

[　例 6-8　]　利用<datalist>标签设计下拉框。

```
1  <input id="url" list="urlList">
2  <datalist id="urlList">
3  <option value="www. baidu. com">百度</option>
4  <option value="www. sina. com">新浪</option>
5  <option value="www. qq. com">腾讯</option>
6  </datalist>
```

运行代码，当鼠标单击输入框时效果如图 6-15 所示。

图 6-15　<datalist>标签设计下拉框效果

任务实现

1. 结构分析

“用户注册”页面中的表单包含了 1 个单行文本输入框，2 个密码输入框，1 个电话号码输入字段，1 个 E-mail 地址的文本字段，2 个单选按钮，1 个日期/时间控件，1 个下拉菜单，6 个复选框，1 个文件域，1 个多行文本区域，1 个提交按钮，1 个重置按钮。

2. 制作 HTML 页面结构

打开“register. html”文件，根据上面的结构分析，在<section>标签中添加表单结构，代码如下：

```
1  <form action="#" method="post" name="login" autocomplete="on">
2  <table cellspacing="2" cellpadding="0" width="100%">
3  <tr><th colspan="2">用户注册   <span>(以下带 * 信息为必填项)
   </span></th></tr>
4  <tr><td class="bt" width="15%"><span> * 用户名</span></td>
5  <td width="85%"><input type="text" placeholder="请输入用户名" class="wz" id=
   "username" autofocus="true" required="required"/>
6  <span id="username-info">8-16 位字母，数字的组合，可以包含_，且首字母必须是字母
   </span></td></tr>
7  <tr><td class="bt"><span> * 密   码</span></td>
8  <td><input type="password" placeholder="请输入密码" class="wz" id="pwd" required=
   "required"/><span id="pwd-info"/>数字或者字母，且长度至少为 6 位</span></td></tr>
9  <tr><td class="bt"><span> * 确认密码</span><td><input type="password" class=
   "wz" id="confirmpwd" required="required"/><span id="com-info"></span></td></tr>
10 <tr><td class="bt"><span> * 手机号码</span></td><td><input type="tel" class=
   "wz" id="tel" required="required"/><span id="tel-info">11 位数字</span></td></tr>
11 <tr><td class="bt"><span>邮   箱</span></td><td><input type=
   "text" value="**@**.com"/></td></tr>
12 <tr><td class="bt"><span>孩子性别</span></td><td><input name="sex" type=
   "radio" value="0" checked="checked"/>男孩<input type="radio" name="sex" value="1"/>女孩
   </td></tr>
13 <tr><td class="bt"><span>孩子出生日期</span></td><td><input type="date"/>
   </td></tr>
14 <tr><td class="bt"><span>父母最高学历</span></td>
     <td><select class="xl">
       <option>研究生</option>
       <optionselected="selected">本科</option
       <option>大专</option>
       <option>高中</option>
       <option>初中及以下</option></select></td></tr>
15 <tr><td class="bt"><span>孩子爱好</span></td>
16 <td><input type="checkbox" checked="checked"/>唱歌<input type="checkbox"/>跳舞
   <input type="checkbox"/>绘画<input type="checkbox"/>棋类<input type="checkbox"/>运
   动<input type="checkbox"/>机器人<input type="checkbox"/>其他</td></tr>
17 <tr><td class="bt"><span>个性头像</span></td><td><input type="file"/>
   </td></tr>
18 <tr><td class="bt"><span>家庭住址</span></td><td><textarea cols="50" rows="5"
   class="area">请输入您的家庭所在地址</textarea></td></tr>
```

```
19 <tr class="btn"><td colspan="2"><type="submit" value="提交" id="sbtn"/>
   <input type="reset"  value="重置" id="rbtn"/></td></tr>
20 </form>
```

在上述代码中，第 5 行代码设计了单行文本输入框，且该输入框是必填项，输入框内显示文字提示“请输入用户名”，当网页加载时能够自动获取焦点；第 6 行文字设置对该输入框内容的约束条件；第 8、9 行设计了密码输入框，且该输入框是必填项；第 10 行设计了手机号码输入字段，且是必填项；第 11 行代码设计了电子邮件输入框，初始值为 **@**.com，且是必填项；第 12 行代码设计了 2 个单选按钮，初始化选中“男孩”；第 13 行代码设计了日期/时间输入框，单击下拉箭头会出现日期选择器；第 14 行代码设计下拉菜单，初始化菜单里显示“本科”选项；第 16 行代码设计复选框，第 17 行代码设计文件域，第 18 行代码设计多行文本区域，第 19 行代码设计了提交和重置按钮。

3. 设计 CSS 样式

打开“form.css”文件，设计表单效果，代码如下：

```
1  /*定义所有的 input 控件样式*/
2  .main input{margin-left:15px;}                    /*左外边距为 15 像素*/
3  /*定义 wz 类控件的样式*/
4  .main .wz{width:200px;                            /*宽度为 200 像素*/
5       height:30px;                                 /*高度为 30 像素*/
6       background:#FFF;                             /*背景颜色为白色*/
7       border:1px #EEE solid;                       /*外边框样式为 1 像素、灰色、单边框*/
8  }
9  /*定义学历 select 控件样式*/
10 .main .xl {margin-left:15px;}                     /*左外边距为 15 像素*/
11 /*定义多行文本区域家庭住址样式*/
12 .main .area{width:300px;                          /*宽度为 300 像素*/
13      height:50px;                                 /*高度为 50 像素*/
14      background:#FFF;                             /*背景颜色为白色*/
15      border:1px #EEE solid;                       /*外边框样式为 1 像素、灰色、单边框*/
16      margin-left:15px;                            /*左外边距为 15 像素*/
17      font-size:12px;                              /*字体大小为 12 像素*/
18 }
19 /*定义按钮样式*/
20 .main .btn{ text-align:center;height:50px;line-height:50px;}  /*文本水平居中，高度为 50
                                                                   像素，行高为 50 像素*/
21 .main #sbtn,.main #rbtn{width:100px; height:30px;}          /*设置按钮高度和宽度*/
22 /*设置当光标放到两个按钮上时显示为一只小手*/
23 input[type=submit],input[type=reset] {
24      cursor:pointer;
25 }
```

经验指导

1. 表格默认距离

在插入表格时，表格中单元格之间以及单元格内容与其边框之间有默认的距离，此时可以通过设置 cellpadding=0 及 cellspacing=0 清除其默认的距离。

2. 表格边框的显示

在一些浏览器中，没有内容的表格单元格显示得不太好。如果某个单元格是空的（没有内容），浏览器可能无法显示出这个单元格的边框。为了避免这种情况，可以在空单元格中添加一个空格占位符“ ”就可以将边框显示出来。

项目总结

本项目主要介绍了 HTML5 中表格标签和表单标签的相关知识和使用方法。主要包括了表格相关标签＜table＞、＜tr＞、＜td＞的属性设置、使用方法以及使用 CSS3 样式美化表格的技巧；表单相关标签＜form＞、＜input/＞、＜select＞、＜textarea＞等的属性设置、使用方法以及使用 CSS 样式美化表单的技巧。

拓展训练

训练：设计“海南旅游网”留言板页面

任务要求：

使用相关表格和表单标签，完成“海南旅游网”留言板页面的设计，效果如图 6-16 所示。

图 6-16　“海南旅游网”留言板页面效果

具体要求：

1. 利用表格进行布局设计。

2. 设置用户名为必填项。

3. 设置用户名对应的文本输入框大小为50，且在网页加载时自动获得焦点。

4. 设置性别对应的单选按钮初始化选中“男”。

5. 设置年龄对应的数字输入框最大值为200，最小值为0，步长为1。

6. 设置标题对应的文本输入框最大长度不超过20个字符，输入框内显示文字提示“最佳旅游路线”。

7. 设置问题类别下拉菜单有“问题类别”“酒店”“机票”“攻略”“美食”5个选项，对应选项值分别为空、hotel、ticket、strategy、food，初始化显示“问题类别”选项。

8. 设置留言时间对应的日期/时间输入框显示日期和时间。

9. 设置用户名、标题、留言内容右侧的验证信息字体样式为“楷体、12像素、蓝色”。

10. 设置留言内容对应的文本区域能容纳10行，每行70个字符的大容量文本。

11. 设置提交按钮值为“留言”，重置按钮值为“重写”。

单元四　JavaScript 交互技术

单元导读

JavaScript 是互联网最流行的脚本语言之一，在 Web 页面中有着非常广泛的使用。那么，如何使用 JavaScript 来设计网页的各种特效呢？本单元将通过设计新城实验小学首页的 JS 特效，对 JavaScript 的基本结构和语法、JavaScript 的事件处理过程、常用的 JavaScript 特效进行详细讲解。

项目七 JavaScript 交互技术基础知识

项目概述

JavaScript 是互联网上最流行的脚本语言之一，可用于开发交互式的 Web 页面，在服务器、PC、平板电脑和智能手机等移动设备上也有着非常广泛的运用。JavaScript 是一种轻量级的编程语言，它直接嵌入 Web 页面中，不需要进行编译，就可以把静态网页转变成可以和用户进行交互的动态网页。本项目将对 JavaScript 的基本知识进行一个全面的介绍，包括 JavaScript 的语法规则、基本数据结构、程序控制语句、函数、HTML DOM 对象、事件处理过程、字符串操作、正则表达式等，并利用 JavaScript 对“用户注册”页面中的用户信息进行验证。

学习目标

1. 掌握 JavaScript 的语法规则，会书写正确的程序语句。
2. 掌握 JavaScript 的基本数据结构、程序控制语句，会使用它们编写简单的程序。
3. 掌握 JavaScript 的函数定义与调用，会使用它们编写简单的程序。
4. 掌握 JavaScript 事件的相关内容。
5. 掌握 JavaScript HTML DOM 对象操作的相关内容。
6. 掌握 JavaScript 字符串属性和方法，会使用它们进行字符串操作。
7. 掌握 JavaScript 正则表达式，会使用正则表达式进行文本验证。

知识要求

知识要点	能力要求	关联知识
JavaScript 基本语法规则及在 Web 中的应用	掌握	标识符的命名规则、注释语句、引用方法
JavaScript 基本数据结构	掌握	变量、运算符
JavaScript 程序控制语句	掌握	条件语句、循环语句

（续表）

知识要点	能力要求	关联知识
JavaScript 数组的创建与使用	掌握	创建数组、数组属性和方法
JavaScript 函数定义与调用	掌握	函数的定义、函数的调用
JavaScript HTML DOM 对象	掌握	DOM 节点树，查找 HTML 元素方法，改变 HTML 元素样式方法
JavaScript 事件	掌握	常用事件
JavaScript 字符串操作	掌握	字符串定义、属性和方法
JavaScript 正则表达式	掌握	正则表达式定义、常用的标识符

任务一 学习 JavaScript 基础

任务情境

小白终于将网站主页制作完毕，但是他发现整个页面太死板了，没有一些动态的特效让网页“动”起来。要想设计网页特效，他必须用到 JavaScript 交互技术，那么需要先了解 JavaScript 交互技术基础知识。

任务分析

预览常用的幻灯片、菜单等特效，从基础概念开始介绍 JavaScript 交互技术。

知识准备

一、JavaScript 简介

JavaScript 可用于开发交互式的 Web 页面。脚本语言中，只有 JavaScript 能跨平台、跨浏览器驱动网页，与用户交互。随着 HTML5 在 PC 和移动终端越来越流行，JavaScript 变得更加重要了。并且，新兴的 Node. js 也把 JavaScript 引入服务器端，JavaScript 已经变成了“全能型选手”。

1. 什么是面向对象

面向对象程序设计是目前主流的计算机编程思想，它有别于结构化程序设计方法，即面向过程的程序设计思想，更适合于描述自然界当中的各种复杂问题。Java、C＋＋以及我们将要学习的 JavaScript 等都是典型的面向对象的程序设计语言。

在面向对象的编程思想中，主要包含了对象、类、封装、继承、属性与方法等概念。简单来说，系统中一切事物皆为对象；对象是属性及其操作的封装体；对象可按其性质划分为类，对象称为类的实例；实例关系和继承关系是对象之间的静态关系；消息传递是对象之间动态联系的唯一形式，也是计算的唯一形式；方法是消息的序列。

(1)对象

对象是人们要进行研究的任何事物，从最简单的整数到复杂的飞机等均可看作对象，它不仅能表示具体的事物，还能表示抽象的规则、计划或事件。例如一个浏览器对象window。

在 JavaScript 中，对象的声明可以通过直接声明法{}实现，如：

user01={id:191020201，name:张三}；

(2)对象的状态和行为

对象具有状态，而状态是用数据值来描述的，这个数据值被称为对象的属性。例如对象 window 具有属性 screenLeft、screenTop，可以返回窗口左上角的坐标。

对象还有操作，用于改变对象的状态，操作就是对象的行为，这个被称为对象的方法。例如对象 window 拥有方法 open()，可以用来打开浏览器窗口。user01 对象定义一个 addhoppy()方法，可以用来向 user01 对象 hoppy 数组添加健身、音乐、阅读三个元素。

(3)类

具有相同或相似性质的对象的抽象就是类。因此，对象的抽象是类，类的具体化就是对象，也可以说类的实例是对象。如人就是一个类，具体到每一个人就是一个对象。

在 JavaScript 中，可以通过 function()声明一个类 User，然后通过 new User()实例化一个对象 user，并传入需要的属性。

类具有属性，它是对象的状态的抽象，用数据结构来描述。

类具有操作，它是对象的行为的抽象，用操作名和实现该操作的方法来描述。

(4)事件驱动

所谓事件驱动，简单地说就是你规定了什么操作，计算机就执行对应的操作。例如，用户单击了一个登录按钮，这就是一个事件；计算机接收到事件指令，就去执行对应的程序代码，这就是事件处理机制。

2. JavaScript 语法规则

(1)字符串(String)必须使用单引号('')或双引号("")括起来；

(2)每行语句用分号(;)分隔；

(3)JavaScript 语句通常以一个语句标识符(保留关键字)开始，并执行该语句；

(4)JavaScript 对大小写是敏感的，例如变量 myVariable 与 MyVariable 是不同的；

(5)JavaScript 会忽略多余的空格，可以向脚本添加空格，来提高其可读性。

3. JavaScript 在 Web 页中的用法

HTML 中的脚本必须写在 <script> </script> 标签对之间。可以在 HTML 文档中放入不限数量的脚本。在 HTML 文档中引入 JavaScript 有两种方式，一种是把 JavaScript 程序直接写入 HTML 文档中，称为内嵌式。通常的做法是把函数放入 <head> 部分中，这样就可以把它们安置到同一位置，不会干扰页面的其他内容；另一种是链接外部 JavaScript 文件，称为外接式。

(1)内嵌式

在 HTML 文档中，引入 JavaScript 代码中使用的是<script>标签。

语法格式：

```
<script type="text/javascript">
    // JavaScript 代码段
</script>
```

说明：在 HTML5 中可以将其语法直接写成<script></script>。

(2)外接式

当一段代码同时需要被多个网页文件使用时,可以创建一个扩展名为.js的文件来专门存储这些代码,然后在网页头部引入该js文件。

语法格式:

```
<script type="text/javascript" src="js文件的路径"></script>
```

在Web页面中可以同时引用多个外部JavaScript文件。

4.JavaScript注释

可以通过添加注释来对JavaScript进行解释以提高代码的可读性。JavaScript不会对注释进行执行。

单行注释以//开头。

多行注释以/*开始,以*/结尾。

二、JavaScript变量和运算符

1.变量

(1)变量的命名

在编程过程中,函数、变量等对象必须被正确地标注才可以被程序找到,这个标注就是标识符。在JavaScript中,标识符命名规则如下:

标识符由数字、字母、下划线或美元符号($)组成,但是必须以字母、下划线或者$开头。

标识符中不能包含空格、加号、减号等特殊符号。

不能使用JavaScript中已有的关键字作为标识符名,如var char。

标识符名严格区分大小写,如Demo_Int1与demo_int1代表不同的变量。

(2)变量的声明与赋值

在JavaScript中,变量需要先声明才能使用。

语法格式:

```
var 变量名;
```

也可以在声明变量的同时对其进行赋值。如:var sum=0;

可以使用一个关键字var同时声明多个变量,变量名之间用“,”分隔开。同样可以在声明变量的时候对其进行赋值。如:

```
var n1,n2,n3;              //同时声明n1、n2和n3三个变量
var n1=1,n2=2,n3=3;        //同时声明n1、n2和n3三个变量,并分别对其进行初始化
```

JavaScript采用的是弱变量类型的形式,因此无须指定变量的数据类型,而是根据所赋予的值来决定其数据类型。

2.运算符

(1)JavaScript算术运算符

常用的算术运算符有+、-、*、/、%、++、--。

(2)JavaScript赋值运算符

常用的赋值运算符有=、+=、-=、*=、/=、%=。

(3)字符串连接运算符“+”

字符串连接运算符“+”,用于把文本值或字符串变量连接起来。

如：x=10+10； y="10" +10；z="Hello" +" "+2017

运算结果为：20 1010 Hello 2017

(4)比较运算符

比较运算符在逻辑语句中使用，用于判断变量或值是否相等。其运算过程需要首先对操作数进行比较，然后返回一个布尔值 true 或 false。常用的比较运算符见表 7-1。

表 7-1　比较运算符

比较运算符	说明
<	小于
>	大于
<=	小于或等于
>=	大于或等于
==	等于。只根据表面值进行判断，不涉及数据类型。例如，"27"==27 的值为 true
===	绝对等于。同时根据表面值和数据类型进行判断。例如，"27"===27 的值为 false
!=	不等于。只根据表面值进行判断，不涉及数据类型。例如，"27"!=27 的值为 false
!==	不绝对等于。同时根据表面值和数据类型进行判断。例如，"27"!==27 的值为 true

(5)逻辑运算符

逻辑运算符根据表达式的值来返回真值或假值。JavaScript 支持常用的逻辑运算符，具体见表 7-2。

表 7-2　逻辑运算符

逻辑运算符	说明
&&	逻辑与，只有当两个操作数 a、b 的值都为 true 时，a&&b 的值才为 true，否则为 false
||	逻辑或，只有当两个操作数 a、b 的值都为 false 时，a||b 的值才为 false，否则为 true
!	逻辑非，! true 的值为 false，而! false 的值为 true

(6)JavaScript 运算符的优先级及结合性

JavaScript 运算符的优先级及结合性见表 7-3。0 的优先级最高，数字越大，优先级越低。

表 7-3　运算符优先级及结合性

优先级	结合性	运算符
0	向左	.、[ ]、()
1	向右	++、--、-、!、delete、new、typeof、void
2	向左	*、/、%
3	向左	+、-
4	向左	<<、>>、>>>
5	向左	<、<=、>、>=、in、instanceof
6	向左	==、!=、===、!===
7	向左	&
8	向左	^
9	向左	|

（续表）

优先级	结合性	运算符
10	向左	&&
11	向左	||
12	向右	?:
13	向右	=
14	向右	*=、/=、%=、+=、-=、<<=、>>=、>>>=、&=、^=、|=
15	向左	,

三、程序控制结构

1. 条件语句

在写代码时，当需要为不同的决定来执行不同的动作时，我们可以在代码中使用条件语句来实现。

在 JavaScript 中可使用以下几种条件语句：

- if 语句：只有当指定条件为 true 时，才使用该语句来执行代码。
- if...else 语句：当条件为 true 时执行 if 后的代码，当条件为 false 时执行其他代码。
- if...else if...else 语句：使用该语句来选择多个代码块之一来执行。
- switch 语句：使用该语句来选择多个代码块之一来执行。

(1)if 语句

语法格式：

```
if (条件)
{
    当条件为 true 时执行的代码；
}
```

下面来学习 if 语句的使用，如[例 7-1]所示。

[例 7-1] 利用 if 语句判断成绩。

```
1  var grade=70;
2  if (grade>=60)
3  {
4    alert("及格");         //弹出消息框
5  }
```

在上述代码中，第 4 行的 alert()方法显示带有一条指定消息和一个确定按钮的警告框。运行代码，结果如图 7-1 所示。

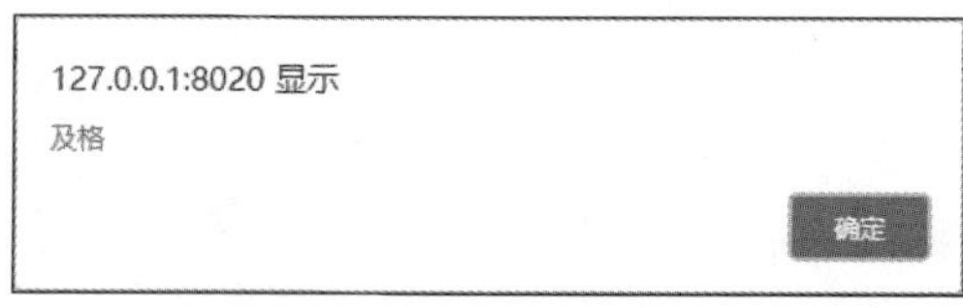

图 7-1　if 语句示例

(2)if...else 语句

语法格式：

```
if(条件)
{当条件为 true 时执行的代码;}
else
{当条件为 false 时执行的代码;}
```

下面来学习 if...else 语句的使用，如[例 7-2]所示。

[例 7-2] 利用 if...else 语句判断成绩。

```
1  var grade=50;
2  if (grade>=60)
3  {alert("及格");}
4  else
5  {alert("不及格");}
```

运行代码，结果如图 7-2 所示。

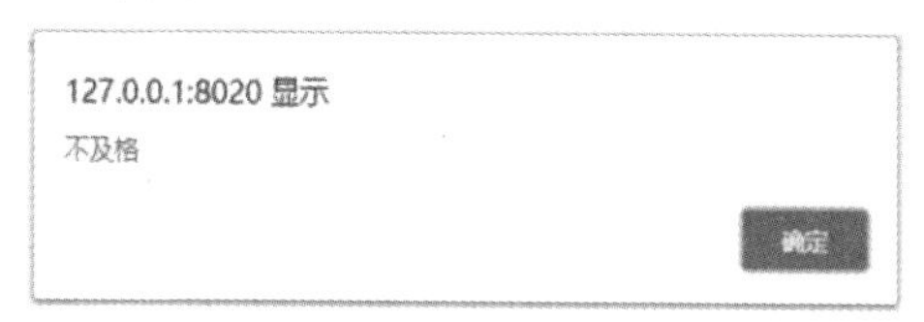

图 7-2　if...else 语句示例

(3)if...else if...else 语句

语法格式：

```
if (条件 1)
{当条件 1 为 true 时执行的代码;}
else if(条件 2)
{当条件 2 为 true 时执行的代码;}
else
{当条件 1 和 条件 2 都不为 true 时执行的代码;}
```

下面来学习 if...else if...else 语句的使用，如[例 7-3]所示。

[例 7-3] 利用 if...else if...else 语句判断成绩。

```
1  var grade=85;
2  if (grade<60)
3  {alert("不及格 ");}
4  else if (grade>=61 && grade <80)
5  {alert("良好");}
6  else
7  {alert("优秀 ");}
```

运行代码，结果如图 7-3 所示。

图 7-3 if...else if...else 语句示例

(4)switch 语句

语法格式：

```
switch(n)
{
    case 1:
        执行代码块 1;
        break;
    case 2:
        执行代码块 2;
        break;
    default:
        与 case 1 和 case 2 不同时执行的代码;
}
```

下面来学习 switch 语句的使用，如[例 7-4]所示。

[例 7-4] 利用 switch 语句判断生肖。

```
1  var content=prompt("请输入您的出生年","");
2  if (content> 2019 || content <0) {
3      alert("您要么去世了，要么还没出生");}
4  else {/判断得出的生肖
5      var number=content%12;
6      switch (number) {
7          case 0:var info="猴"; break;
8          case 1:var info="鸡"; break;
9          case 2:var info="狗"; break;
10         case 3:var info="猪"; break;
11         case 4:var info="鼠"; break;
12         case 5:var info="牛"; break;
13         case 6:var info="虎"; break;
14         case 7:var info="兔"; break;
15         case 8:var info="龙"; break;
16         case 9:var info="蛇"; break;
17         case 10:var info="马"; break;
18         case 11:var info="羊"; break;}
19     alert("您的生肖是"+info);}
```

在上述代码中，第 1 行代码设置获取文本输入框输入的值，第 2～18 行代码用 if...else 语句判断年龄是否合法，如果合法，判断得出的生肖，第 19 行代码设计输出结果，显示“您的生肖是 * ”消息框。

运行代码，结果如图 7-4 所示。

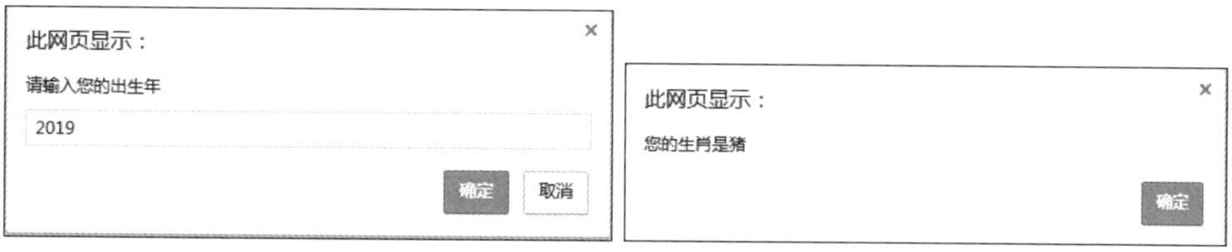

此网页显示：
请输入您的出生年
2019
确定　取消

此网页显示：
您的生肖是猪
确定

图 7-4　用 switch 语句判断生肖

2. 循环语句

在实际生活中会遇到许多具有规律性的重复操作，因此在程序中就需要重复执行某些代码块，这个问题用循环语句可以解决。

JavaScript 中可使用以下几种循环语句：

for 语句：循环代码块一定的次数。

for...in 语句：循环遍历对象的属性。

while 语句：当指定的条件为 true 时循环指定的代码块。

do...while 语句：当指定的条件为 true 时循环指定的代码块。

(1)for 语句

语法格式：

```
for (语句 1; 语句 2; 语句 3)
{
    被执行的代码块;
}
```

语句 1 设置循环开始前执行；语句 2 定义运行循环的条件；语句 3 在循环已被执行之后执行。

下面来学习 for 语句的使用，如[例 7-5]所示。

[例 7-5]　利用 for 语句输出数字 1～4。

```
1  for (var i=0; i<5; i++)
2  {
3      document.write("该数字为"+i+",");        //在文档中输出结果
4  }
```

在上述代码中，第 3 行 document.write()方法设置在文档中输出 HTML 元素。

运行代码，结果如图 7-5 所示。

该数字为0，该数字为1，该数字为2，该数字为3，该数字为4，

图 7-5　for 语句示例

(2)while 语句

while 语句会在指定条件为 true 时循环执行代码块。

语法格式：

```
while (条件)
{
    需要执行的代码;
}
```

下面来学习 while 语句的使用，如[例 7-6]所示。

[例 7-6] 利用 while 语句输出数字 1～4。

```
1  i=0;
2  while (i<5)
3  {
4      document.write("该数字为" + i + ",");
5      i++;
6  }
```

运行代码，结果如图 7-6 所示。

该数字为0，该数字为1，该数字为2，该数字为3，该数字为4，

图 7-6　while 语句示例

(3)do...while 语句

do...while 语句是 while 语句的变体。该循环会在检查条件是否为 true 之前执行一次代码块，然后如果条件为真的话，就会重复这个循环。

语法格式：

```
do
{
    需要执行的代码;
}
while (条件);
```

下面来学习 do...while 语句的使用，如[例 7-7]所示。

[例 7-7] 利用 do...while 语句输出数字 1～4。

```
1  i=0;
2  do
3  {
4      document.write("该数字为" + i + ",");
5      i ++;
6  }
7  while (i<5);
```

运行代码，结果如图 7-7 所示。

该数字为0，该数字为1，该数字为2，该数字为3，该数字为4，

图 7-7　do...while 语句效果

3. break 语句和 continue 语句

break 语句用于跳出循环。

continue 语句用于跳过循环中的一个迭代，继续执行该循环之后的代码(如果有的话)。

下面来学习 break 语句的使用，如[例 7-8]所示。

[例 7-8] 利用 break 语句跳出循环。

```
for (i=0;i<5;i++)
{if (i==3){break;}
    document.write("该数字为"+i+",");
}
```

运行代码，结果如图 7-8 所示。

该数字为0，该数字为1，该数字为2，

图 7-8　break 语句效果

[例 7-9] 利用 continue 语句跳出循环。

```
for (i=0;i<5;i++)
{if (i==3) continue;
  document.write("该数字为" + i +,");
}
```

运行代码，结果如图 7-9 所示。

该数字为0，该数字为1，该数字为2，该数字为4，

图 7-9　continue 语句效果

四、数组

1. 创建数组

JavaScript 使用数组对象来在单独的变量名中存储一系列的值。在 JavaScript 中，使用内置对象类 Array 和关键词 new 可以创建数组对象。

语法格式：

```
var 数组名=new Array();                //新建一个长度为 0 的数组
var 数组名=new Array(n);               //新建一个指定长度为 n 的数组
var 数组名=new Array(元素 1,元素 2,元素 3,...);  //新建一个指定长度的数组，并赋值
```

每一个数组元素都由数组名、方括号[]、数组下标组成，下标从 0 开始。下面来创建数组，例如：

```
var myclass=new Array();
myclass[0]="计算机应用基础";
myclass[1]="Web 标准";
myclass[2]="平面设计";
```

或者：

```
var myclass=new Array(3);
```

```
myclass[0]="计算机应用基础";
myclass[1]="Web 标准";
myclass[2]="平面设计";
```

或者：

```
var myclass=new Array("计算机应用基础","Web 标准","平面设计");
```

2. 访问数组

通过指定数组名以及索引号，可以访问数组中某个特定的元素。

下面来学习访问数组的方法，如[例 7-10]所示。

[例 7-10] 在网页中输出数组中第一项内容。

```
1  var myclass=new Array(3);
2  myclass[0]="计算机应用基础";
3  myclass[1]="Web 标准";
4  myclass[2]="平面设计";
5  var name=myclass[0];
6  document.write(name);
```

运行代码，效果如图 7-10 所示。

计算机应用基础

图 7-10　访问数组元素

以下代码可以修改数组 myclass 的第一个元素：

```
myclass[0]="数据库技术";
```

3. for...in 语句

JavaScript 的 for...in 语句是一种特殊的 for 语句，专门用于处理与数组和对象相关的循环操作。用 for...in 语句处理数组，可以依次对数组中的每个元素执行一条或多条语句。

语法格式：

```
for(变量 in 对象){
    //需要执行的代码;
}
```

下面来学习 for...in 语句的使用，如[例 7-11]所示。

[例 7-11] 利用 for...in 语句输出数组中的元素值。

```
1  var n1,a;
2  n1=new Array(1,2,3);
3  for(a  in  n1) {
4       document.write(n1[a]+",");
5  }
```

运行代码，结果如图 7-11 所示。

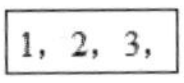

1, 2, 3,

图 7-11　for...in 语句示例

4. 数组常用属性和方法

数组是一组有序排列的数据的集合，其常用属性和方法见表 7-4。

表 7-4　数组常用属性和方法

属性/方法	说明
length	返回数组中数组元素的个数，即数组长度
toString()	返回一个字符串，该字符串包含数组中的所有元素，各个元素间用逗号隔开

下面来学习数组常用属性和方法，如[例 7-12]所示。

[例 7-12] 输出数组的长度及返回一个包含数组中所有元素的字符串。

```
1  var classmates;
2  classmates=new Array("张三","李四","王五");
3  document.write("<p>"+classmates.length+"</p>");
4  document.write("<p>"+classmates.toString()+"</p>");
```

运行代码，结果如图 7-12 所示。

3

张三,李四,王五

图 7-12　length 和 toString()的使用

五、函数的声明与调用

1. 函数的声明

在 JavaScript 程序设计中，为了使代码更为简洁并可以重复使用，通常会将某段实现特定功能的代码定义成一个函数。函数就是由事件驱动的或者当它被调用时执行的可重复使用的代码块。函数在使用之前需要进行声明。

语法格式：

```
function 函数名 ([参数 1,参数 2,……])
{函数体;}
```

说明：

- function：在声明函数时必须使用的关键字。
- 函数名：创建函数的名称，函数名是唯一的。
- 参数：外界传递给函数的值，它是可选的，当有多个参数时，各参数用“，”分隔。
- 函数体：函数定义的主体，专门用于实现特定的功能。

在函数中可以使用 return 语句中止函数的执行，并返回指定的值。

2. 函数的调用

函数声明后并不会自动执行，而是需要在特定的位置调用函数。函数的调用非常简单，只需引用函数名，并传入相应的参数即可。

语法格式：

函数名称([参数 1,参数 2,……])

函数的调用有不带参数的调用和带参数的调用两种。

下面来学习函数的定义与调用,如[例 7-13]、[例 7-14]所示。

[例 7-13] 不带参数的函数调用。

```
1  <head>
2  <script>
3  function myFunction()
4  {      alert("欢迎加入计算机应用专业");
5  }
6  </script>
7  </head>
8  <body>
9  <button onclick="myFunction()">单击</button>
10 </body>
11 </html>
```

运行代码,结果如图 7-13 所示。

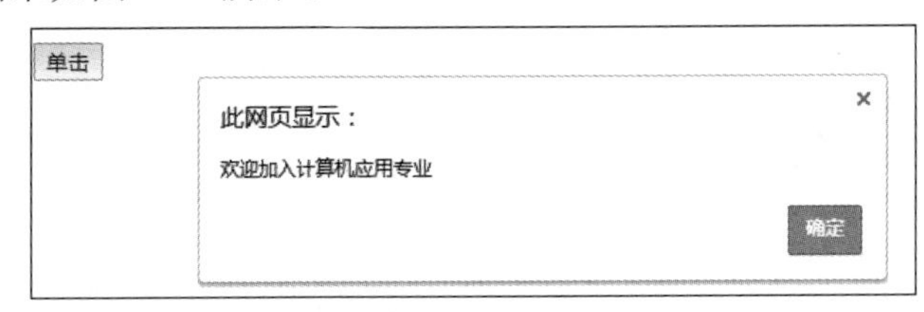

图 7-13　不带参数的函数调用示例

[例 7-14] 带参数的函数调用。

```
1  <body>
2  <button onclick="myFunction('张三','计算机应用专业')">单击这里</button>
3  <script>
4  function myFunction(name,job){
5  alert("欢迎" + name + "加入 " + job);}
6  </script>
7  </body>
```

运行代码,结果如图 7-14 所示。

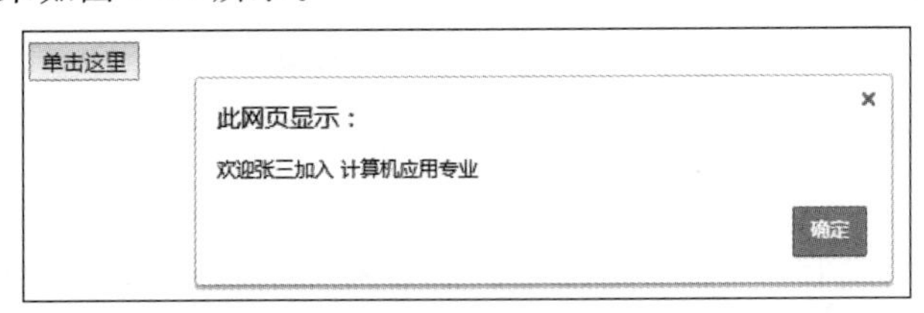

图 7-14　带参数的函数调用示例

任务二　利用 JavaScript 进行用户注册信息验证

任务情境

在“用户注册”页面中我们已经设计了一个漂亮的表单，用户在填写或者选择表单内容时，经常需要进行用户信息的验证。如图 7-15 所示，打“ * ”为必填项，当鼠标移到相应输入框上，会出现提示信息“请填写此字段”，所有的验证信息显示在相应输入框的右侧。当用户名输入格式不正确时，输入框右侧的验证信息会变成“请输入正确格式的用户名！”，正确时，输入框右侧的验证信息消失。当密码输入格式不正确时，输入框右侧的验证信息会变成“请输入正确格式的密码！”，正确时，输入框右侧的验证信息消失。当确认密码与密码不一致时，输入框右侧的验证信息会变成“两次输入的密码不一致！”。当手机号码输入格式不正确时，输入框右侧的验证信息会变成“请输入 11 位数字的手机号码！”，正确时，输入框右侧的验证信息消失。当单击“提交”按钮提交表单时，如果所有验证都通过，会弹出“注册成功！”消息框。

图 7-15　“用户注册”页面表单验证

任务分析

表单的验证涉及 JavaScript HTML DOM 对象和表单处理事件，字符串操作、正则表达式匹配等用户信息。

知识准备

利用 JS 进行用户信息验证（DOM 节点树）

一、DOM 节点树

DOM(Document Object Model，文档对象模型)是一个表示和处理文档的应用程序接口(API)，当网页被加载时，浏览器就会创建页面的 DOM 模型。通过 HTML DOM，就可以访问 HTML 文档的所有元素。

DOM 模型被设计为一棵对象树，它将网页中文档的对象关系规划为节点层级，构成它们的等级关系，如图 7-16 所示。

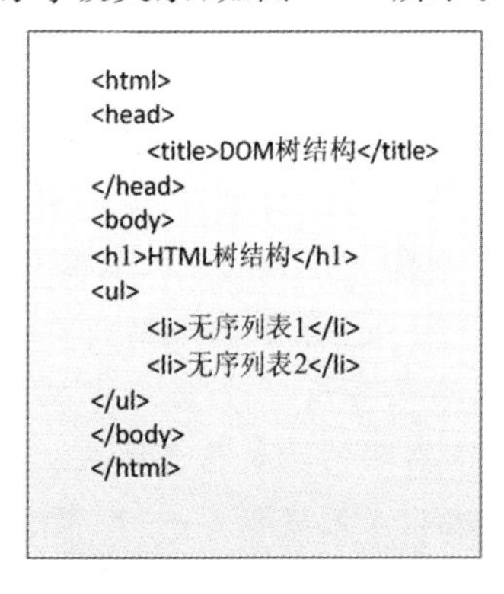

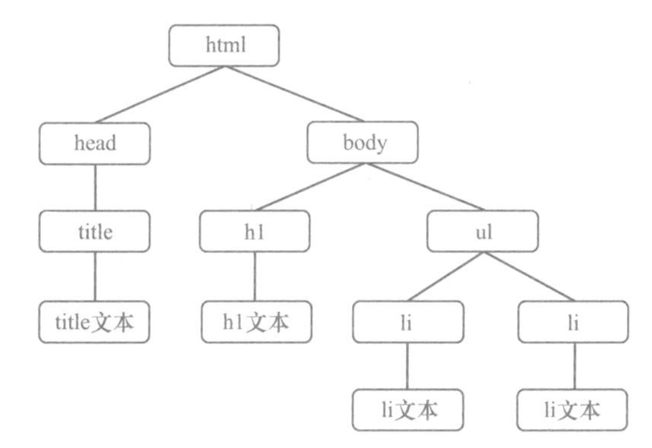

图 7-16　DOM 模型

根据 DOM 规范，整个文档是一个文档节点，每个标签是一个元素节点，元素包含的文本是文本节点，元素的属性是一个属性节点，注释属于注释节点，以此类推。

1. 查找 HTML 元素

使用 DOM 模型，我们可以动态地获取或修改指定元素的属性，但是，首先必须找到要操作的元素。可以通过四种方法找到 HTML 元素：一是通过 id，二是通过名称，三是通过标签名，四是通过类名。

具体方法见表 7-5。

表 7-5　获取元素的常用方法

方法	说明
getElementById()	获取拥有指定 id 的第一个元素对象的引用
getElementsByName()	获取带有指定名称的元素对象集合
getElementsByTagName()	获取带有指定标签名的元素对象集合
getElementsByClassName()	获取指定 class 的元素对象集合

下面来学习 DOM 访问指定 HTML 元素的方法，如[例 7-15]所示。

[例 7-15] 利用 DOM 访问 HTML 元素。

```
1  <head>
2  <meta charset="UTF-8">
3  <title>DOM 访问指定 HTML 元素的方法</title>
4  <style>
5      .red{color:red;}
6  </style>
7  </head>
8  <body onload="myfun()">
9  <div id="mydiv">DIV</div>
10 <p class="red">P.RED</p>
11 <div class="red">DIV.RED</div>
```

```
12 <ul>
13     <li name="html">HTML</li>
14     <li name="html">CSS</li>
15     <li>JavaScript</li>
16 </ul>
17 <script>
18 function myfun(){
19     var a=document.getElementById("mydiv");              //找到 id="mydiv"的元素
20     console.log(a);                                      //在控制台输出相应结果
21     var b=document.getElementsByClassName('red');        //找到 class="red"的元素
22     console.log(b);
23     var c=document.getElementsByName('html');            //找到 name="html"的元素
24     console.log(c);
25     var d=document.getElementsByTagName('li');           //找到<li>标签元素
26     console.log(d);
27 }
28 </script>
29 </body>
```

在上述代码中，第 8 行代码的 onload 事件设置了在网页加载时调用 myfun()函数，第 18～27 行代码定义了 myfun()函数，其中第 19 行代码设计通过 getElementById()方法找到 id="mydiv"的元素对象，第 20 行利用 console.log()方法将结果输出到控制台，第 21 行代码设计通过 getElementsByClassName()方法找到 class="red"的元素对象集合，并将结果输出到控制台，第 23 行代码设计通过 getElementsByName()方法找到 name="html"的元素对象集合，第 25 行代码设计通过 getElementsByTagName()方法找到<li>标签元素对象集合。

运行代码，效果如图 7-17 所示。

```
<div id="mydiv">DIV</div>
▸ HTMLCollection(2) [p.red, div.red]
▸ NodeList(2) [li, li]
▸ HTMLCollection(3) [li, li, li, html: li]
```

图 7-17　DOM 获取元素的常用方法的结果

2. 改变 HTML 元素样式

在操作元素属性时，style 属性可以修改元素的样式，className 属性可以修改元素的类名，通过这两种方法即可完成改变 HTML 元素样式操作。

(1)style 属性

每个元素对象都有一个 style 属性，使用这个属性可以修改元素的样式，从而获得所需要的效果。

下面来学习通过 style 属性改变 HTML 样式，如[例 7-16]所示。

[例 7-16] 通过 style 属性改变元素的宽度。

```
1 <head>
2 <style>
```

```
3  #mydiv{width:100px;}
4  </style>
5  </head>
6  <body>
7  <div id="mydiv">DIV</div>
8  <script>
9  var mydiv= document.getElementById("mydiv");
   //获得待操作的元素对象<div id="mydivt">
10 mydiv.style.width = "200px";
   //设置样式,相当于:{#mydiv{width:200px;}
11 mydiv.style.height = "100px";
   //设置样式,相当于:{#mydiv{height:100px;}
12 mydiv.style.backgroundColor = "#FF0000";
   //设置样式,相当于:{#mydiv{background-color:#FF0000;}
13 </script>
14 </body>
```

运行代码,效果如图 7-18 所示。

(a)原始宽度效果

(b)改变宽度效果

图 7-18　通过 style 属性改变 HTML 样式

(2)className 属性

元素对象的 className 属性用于切换元素的类名,或为元素追加类名。

下面来学习通过 className 属性改变 HTML 样式,如[例 7-17]所示。

[例 7-17] 通过 className 属性改变 HTML 样式。

```
1  <head>
2  <style>
3  #test{width:200px; height: 100px;}
4  .aa{background:red;}
5  .bb{background: yellow;}
6  .cc{font-size: 48px;}
7  .dd{font-size: 36px;}
8  </style>
9  </head>
10 <body>
11 <div id="test">div</div>
12 <script>
13 var mytest=document.getElementById('test');
   //获取元素对象<div id="test">
```

```
14 mytest.className="aa";
   //添加样式,执行后:<div id="test" class="aa">
15 mytest.className="bb";
   //切换样式,执行后:<div id="test" class="bb">
16 mytest.className+=" cc";
   //追加样式,执行后:<div id="test" class="bb cc">
17 mytest.className=mytest.className.replace(/cc/,'dd');
   //替换样式,执行后:<div id="test" class="bb dd">
18 mytest.className=mytest.className.replace(/dd/,'');
   //删除 dd 样式,执行后:<div id="test" class="bb">
19 mytest.className="";//删除所有样式
20 </script>
21</body>
```

运行代码,结果如图 7-19 所示。

(a)添加aa样式效果　(b)切换bb样式效果　(c)追加cc样式效果　(d)替换dd样式效果

(e)删除dd样式效果　(f)删除所有样式效果

图 7-19　className 属性效果

二、表单处理事件

1. 事件概念

JavaScript 采用的是事件驱动机制,这里的事件是指用户在访问页面时执行的操作,例如访问一个网页时执行了页面完成加载操作,在表单控件中输入内容时执行了内容发生改变操作,单击一个按钮被时就执行了鼠标单击操作。当在 HTML 页面中使用 JavaScript 时,JavaScript 就可以触发这些事件。

2. 事件处理程序

事件处理指的是与事件关联的 JavaScript 对象,当与页面特定部分关联的事件发生时,事件处理器就会被调用。事件处理的过程一般分为三个步骤:

- 发生事件;
- 启动事件处理程序;
- 事件处理程序做出反应。

在 JavaScript 中,事件代码的执行方法有很多种,可以直接执行 JavaScript 代码、调用 JavaScript 函数,还可以为 HTML 元素指定自己的事件处理程序等。

(1)HTML 元素指定自己的事件处理程序

它的处理方法大致可以划分为两步。第一步获得处理对象的引用,第二步将要执行的处理函数赋值给对应的事件。

下面来学习 HTML 元素指定自己的事件处理过程,如[例 7-18]所示。

[例 7-18] 单击按钮弹出消息框示例 1。

```
1  <body>
2  <button id="btn">单击按钮</button>
3  <script>
4  var btn=document.getElementById("btn");  //找到 id="btn"的元素对象,将其赋给变量 btn
5  btn.onclick=function(){      //btn 的鼠标单击事件调用函数,执行弹出对话框操作
6      alert("欢迎光临本站点!");
7  }
8  </script>
9  </body>
```

运行代码,结果如图 7-20 所示。

图 7-20　单击按钮弹出消息框示例 1

(2)在网页中直接执行 JavaScript 代码

在网页中直接执行事件处理程序,只需在网页元素标签中直接添加事件,然后执行对应的函数或者代码即可。

下面来学习在网页中直接执行 JavaScript 代码的事件处理过程,如[例 7-19]所示。

[例 7-19] 单击按钮弹出消息框示例 2。

```
1  <body>
2  <input type="button" name="btn" value="单击按钮" onclick="alert('欢迎光临本站点!');"/>
3  </body>
```

运行代码,结果如图 7-21 所示。

图 7-21　单击按钮弹出消息框示例 2

3. 常用事件

表 7-6 中是一些常见的 HTML 事件。

表 7-6 常见的 HTML 事件

事件名称	支持元素	说明
blur	A、area、label、input B、select、textarea C、button	对象失去焦点时所激发的事件
change	input、select、textarea	值改变时所激发的事件
click	大多数元素	单击鼠标(指按下并释放鼠标)时所激发的事件
dblclick	大多数元素	双击鼠标时所激发的事件
focus	A、area、label、 B、input、select、 C、textarea、button	对象得到焦点时所激发的事件
keydown	大多数元素	按下键盘键时所激发的事件
keypress	大多数元素	按下并释放键盘键时所激发的事件
keyup	大多数元素	释放键盘键时所激发的事件
load	body、frameset	在一个浏览器窗口中加载文档时，或框架集中所有框架中的文档时所激发的事件
mousedown	大多数元素	按住鼠标时所激发的事件
mousemove	大多数元素	移动鼠标时所激发的事件
mouseout	大多数元素	鼠标从对象上移开时所激发的事件
mouseover	大多数元素	移动鼠标到对象上时所激发的事件
mouseup	大多数元素	释放鼠标时所激发的事件
reset	form	重置表单时所激发的事件
select	input、textarea	选中文本时所激发的事件
submit	form	提交表单时所激发的事件
unload	body、frameset	卸载浏览器窗口或框架中的文档时所激发的事件

三、字符串操作

JavaScript 字符串用于存储和处理文本，利用其属性和方法可以对字符串进行操作。

1. 字符串定义

使用单引号或双引号来定义一个字符串，语法格式：

var 变量名 ="字符串";

或者：

var 变量名 ='字符串';

例如：

```
1  var str="xincheng experimental school";
2  var str='xincheng experimental school';
```

如果字符串中包含双引号，则字符串会被截取，此时可以使用转义字符“\”来转义字符串中的双引号。

例如：

```
var str="\"xincheng\" experimental school";
```

转义字符可以将特殊字符转换为字符串字符，常见的转义字符见表7-7。

表7-7　常见的转义字符

转义字符	说明
\'	单引号
\"	双引号
\\	反斜杠
\n	换行
\t	tab(制表符)
\b	退格符
\f	换页符

说明：如果字符串中包含引号，最佳方法是在定义字符串时的引号不要与字符串中的引号相同。

例如：

```
1  var str ="'xincheng' experimental school";
2  var str ='"xincheng" experimental school';
```

可以使用索引位置来访问字符串中的每个字符，索引从0开始，例如：

```
var user="xincheng experimental school";
alert(user[1]);]        // 访问字符串中第2个字符，得到结果是i
```

2. 字符串的属性和方法

可以使用字符串的属性和方法对字符串进行操作，常用属性和方法见表7-8。

表7-8　字符串常用属性和方法

属性/方法	说明
length	字符串的长度
charAt( )	返回指定索引位置的字符，索引从0开始
charCodeAt( )	返回指定索引位置的字符的Unicode编码
concat( )	连接字符串，返回连接后的字符串
indexOf( )	返回字符串中检索指定字符第一次出现的位置
lastIndexOf( )	返回字符串中检索指定字符最后一次出现的位置
match( )	找到一个或者多个正则表达式的匹配
replace( )	替换与正则表达式匹配的子串
search( )	检索与正则表达式匹配的值
slice( )	提取字符串的片段，并在新的字符串中返回被提取的部分

（续表）

属性/方法	说明
split( )	将字符串分隔为字符串数组
substr( )	从起始索引号提取字符串中指定数目的字符
substring( )	提取字符串中两个指定的索引号之间的字符
toString( )	返回字符串对象值
valueOf( )	返回某个字符串对象的原始值
toLowerCase( )	把字符串转换为小写
toUpperCase( )	把字符串转换为大写

下面来学习字符串的操作，如[例 7-20]、[例 7-21]所示。

[例 7-20] 定义一个字符串，然后进行字符串截取操作。

```
1  <script>
2  var msg="The full name of school is xincheng experimental school!";
3  var pos=msg.indexOf('school');          /*返回字符串中检索 school 第一次出现的位置*/
4  var substr=msg.substr(0,pos);           /*从索引 0 开始提取字符串中 pos 个的字符*/
5  var substring=msg.substring(3,pos);     /*提取字符串中索引 3 到索引 pos 之间的字符*/
6  document.write("<p>该字符串中第一个 school 出现的位置是:"+pos+"</p>");
7  document.write("<p>第一个 school 之前的字符是:"+substr+"</p>");
8  document.write("<p>第 3 位到第一个 school 之前的字符是:"+substring+"</p>");
9  </script>
```

上述代码中，第 6～8 行的中“+”用于连接字符串。

运行代码，效果如图 7-22 所示。

该字符串中第一个school出现的位置是：17

第一个school之前的字符是：The full name of

第3位到第一个school之前的字符是： full name of

图 7-22　字符串截取操作

利用 JS 进行用户信息验证（字符串操作）

[例 7-21] email 格式判断，并输出结果。

```
1  <head>
2  <script>
3  function ischeck(){
4        var msg=prompt('input email:');              /*输入 email*/
5        for (i=0;i<msg.length;i++){
6              if(msg.charAt(i)=="@"){                 /*判断字符串中是否含有@字符*/
7                    str=msg.split("@");                /*将字符串分隔为字符串数组*/
8                    break;
9              }
10             else{
11                   str=msg.toUpperCase(msg);          /*将字符串转换为大写*/
```

```
12            }
13        }
14        document.write(str);
15 }
16 </script>
17 </head>
18 <body onload="ischeck()">
19 </body>
```

运行代码，输入字符串 mingliang@163. com，效果如图 7-23 所示；输入字符串 mingliang163. com，效果如图 7-24 所示。

mingliang,163.com

图 7-23　字符串包含@字符的输出效果

MINGYANG163COM

图 7-24　字符串不包含@字符输出的效果

四、正则表达式

正则表达式是一种特殊的字符串模式，用于匹配一组字符串，定义一种规则去匹配符合规则的字符。可以用来进行数据有效性验证，即测试字符串是否符合给定的某种要求，也可以按照某种规则标识某些指定文本，然后将其删除或者替换。还可以根据模式匹配从字符串中提取出一个满足要求的特定子字符串。

语法格式：

/正则表达式主体/ 修饰符(可选)

正则表达式主体描述了表达式的模式，修饰符则用于指定全局匹配、区分大小写的匹配和多行匹配。

位于"/"与"/"之间的部分就是正则表达式主体，即要在目标对象中进行匹配的目标对象。如/root/i，即要寻找的对象为"root"，i 为修饰符(表示对大小写不敏感)。

为了让用户更加灵活地定制模式内容，正则表达式提供了专门的"标识符"。所谓标识符，就是指那些在正则表达式中具有特殊意义的专用字符，可以用来规定其附属字符(除了标识符之外的字符)在目标对象中的出现模式。常用的标识符有量词、方括号、元字符、修饰符等。

1. 量词

常用的量词见表 7-9。

表 7-9　正则表达式常用量词

量词	说明
n+	匹配任何包含至少一个 n 的字符串
n*	匹配任何包含零个或多个 n 的字符串
n?	匹配任何包含零个或一个 n 的字符串
n{X}	匹配包含 X 个 n 的序列的字符串

（续表）

量词	说明
n{X,Y}	匹配包含 X 到 Y 个 n 的序列的字符串
n{X,}	匹配包含至少 X 个 n 的序列的字符串
n$	匹配任何结尾为 n 的字符串
^n	匹配任何开头为 n 的字符串
? =n	匹配任何其后紧接指定字符串 n 的字符串
?! n	匹配任何其后没有紧接指定字符串 n 的字符串

下面来学习量词正则表达式的使用，如[例 7-22]所示。

[例 7-22] 定义一个正则表达式，然后在字符串 str 中匹配结果。

```
1  <script>
2  var str="Good Morning,Ken!";                    /＊定义一个字符串＊/
3  var reg1=/Good/;                                /＊定义含有字符 Good 的正则＊/
4  var reg2=/Go? d/;                               /＊定义含有字符 Gd 或者 God 的正则＊/
5  document. write(str. search(reg1)+","); /＊若找到则返回找到的位置，若没有找到，则返回-1＊/
6  document. write(str. search(reg2));
7  </script>
```

在上述代码中，search()方法用于检索与正则表达式相匹配的子符串，它会返回第一个匹配的子字符串的起始位置，如果没有匹配的，则返回－1。

运行代码，结果为 0，－1。

2. 方括号

在正则表达式中，我们可以使用方括号查找某个范围内的字符，见表 7-10。

表 7-10　正则表达式方括号

表达式	说明
[abc]	查找方括号中的任何字符
[^abc]	查找任何不在方括号中的字符
[0-9]	查找任何从 0 至 9 的数字
[a-z]	查找任何从小写 a 到小写 z 的字符
[A-Z]	查找任何从大写 A 到大写 Z 的字符
[A-z]	查找任何从大写 A 到小写 z 的字符
[adgk]	查找给定集合内的任何字符
[^adgk]	查找给定集合外的任何字符
(red|blue|green)	查找任何指定的选项

下面来学习方括号正则表达式的使用，如[例 7-23]所示。

[例 7-23] 定义一个正则表达式，精确匹配一个章节标题，然后在字符串 str 中匹配结果。

```
1  <script>
2  var str="Chapter21";      /* 定义一个字符串 */
3  var reg=/^Chapter[1-9][0-9]{0,1}$/;/* 定义以 Chapter 开头,以两个尾随数字结束的正则 */
4  document.write("<p>"+str.search(reg)+"</p>");/* 若符合,则返回 0;若不符合,则返回-1 */
5  </script>
```

运行代码,结果为 0。

3. 元字符

元字符是在正则表达式中拥有特殊含义的字符,见表 7-11。

表 7-11　正则表达式元字符

元字符	说明
.	查找单个字符,除了换行和行结束符
\w	查找单词字符
\W	查找非单词字符
\d	查找数字
\D	查找非数字字符
\s	查找空白字符
\S	查找非空白字符
\b	匹配单词边界
\B	匹配非单词边界
\0	查找 NULL 字符
\n	查找换行符
\f	查找换页符
\r	查找回车符
\t	查找制表符
\v	查找垂直制表符
\xxx	查找以八进制数 xxx 规定的字符
\xdd	查找以十六进制数 dd 规定的字符
\uxxxx	查找以十六进制数 xxxx 规定的 Unicode 字符

下面来学习元字符正则表达式的使用,如[例 7-24]所示。

[例 7-24] 定义一个正则表达式,精确匹配身份证号码,然后在字符串 str 中匹配结果。

```
1  <script>
2  var str="1234567890000000a";           /* 定义一个字符串 */
3  var reg=/\d{17}[0-9X]}/;               /* 定义匹配包含 17 个数字和字符 0-9 及字符 X
                                             之间任何字符的正则 */
4  document.write(reg.test(str));         /* 若符合,则返回 true;若不符合,则返回 false */
5  </script>
```

在上述代码中,test()方法用于检测一个字符串是否匹配某个模式。如果字符串中有匹配的值返回 true，否则返回 false。

运行代码，结果为 false。

4. 修饰符

修饰符规定在全局搜索中是否区分大小写等搜索要求，具体见表 7-12。

表 7-12　正则表达式的修饰符

修饰符	说明
i	执行对大小写不敏感的匹配
g	执行全局匹配（查找所有匹配而非在找到第一个匹配后停止）
m	执行多行匹配

下面来学习修饰符正则表达式的使用，如[例 7-25]所示。

[例 7-25] 定义一个正则表达式，不区分大小写匹配固定字符串，然后在字符串 str 中匹配结果。

```
1  <script>
2  var str="abRoot";/＊定义一个字符串＊/
3  var reg=/root/i; /＊定义匹配包含 17 个数字和字符 0—9 及字符 X 之间任何字符的正则＊/
4  document.write(reg.test(str)); /＊若符合，则返回 true;若不符合，则返回 false＊/
5  </script>
```

运行代码，结果为 true。

任务实现

1. 制作 HTML 页面结构

打开"register.html"文件，在代码上进行如下修改：

(1)在<form>标签中添加表单提交事件，调用 checkisnull()函数。

```
1  <form action="#" method="post" name="login" autocomplete="on"onsubmit="checkisnull()">
```

(2)在用户名对应的文本输入框中设置相关的验证信息和事件处理。

```
1  <input type="text" placeholder="请输入用户名" class="wz" id="username"
   pattern="^[a-zA-Z]\w{7,15}$" autofocus="true" required="required" onblur="checkname()"/>
```

在上述代码中，pattern 属性验证输入的内容是否与定义的正则表达式匹配。onblur 事件设置当输入框失去焦点时调用 checkname()函数。

(3)在密码对应的文本输入框中设置相关的验证信息和事件处理。

```
1  <input type="password" placeholder="请输入密码" class="wz" id="pwd" required="required"
   pattern="^[a-zA-Z0-9]{6,}$" onblur="checkpwd()"/>
```

在上述代码中，pattern 属性验证输入的内容是否与定义的正则表达式匹配。onblur 事件设置当输入框失去焦点时调用 checkpwd()函数。

(4)在确认密码对应的文本输入框中设置相关事件处理。

```
1  <input type="password" class="wz" id="confirmpwd" required="required" onblur="checkcmpwd()"/>
```

在上述代码中，onblur 事件设置当输入框失去焦点时调用 checkcmpwd()函数。

(5)在手机号码对应的文本输入框中设置相关的验证信息和相关事件处理。

```
1  <input type="tel" class="wz" id="tel" pattern="^\d{11}$" required="required" onblur="
   checktel()"/
```

在上述代码中，pattern 属性验证输入的内容是否与定义的正则表达式匹配。onblur 事件设置当输入框失去焦点时调用 checktel()函数。

2. 编写 JavaScript 代码，实现表单的验证

继续在该文件中紧跟<body>标签编写代码，具体设计如下。

(1)引入 JavaScript 代码，代码如下：

```
1  <body>
2  <script>                    //内嵌式
3  </script>
4  ……
5  </body>
```

(2)验证输入的用户名格式是否正确，不正确的话，则输入框右侧的约束条件信息显示"请输入正确格式的用户名!"，若正确，则输入框右侧的约束条件中信息为空。在<script></script>标签对里编写代码，代码如下：

```
1  function checkname()
2  {
3      var username=document.getElementById('username');
4      var result=document.getElementById('username-info');
5      var flag=username.checkValidity();
6      if(! flag)
7      {
8          result.innerHTML="请输入正确格式的用户名!";
9          username.focus();
10     }
11     else
12         result.innerHTML="";
13 }
```

在上述代码中，第 5 行代码中的 checkValidity() 方法会检查元素是否有输入约束条件，并且检查值是否符合约束条件。第 9 行代码 focus()方法设置元素获得焦点，第 12 行代码中的 innerHTML 属性设置元素的 HTML 内容。

(3)验证输入的密码格式是否正确，若不正确，则输入框右侧的约束条件信息显示"请输入正确格式的密码!"，若正确，则输入框右侧的约束条件信息显示为空，代码如下：

```
1  function checkpwd()
2  {
3      var userpwd=document.getElementById('pwd');
4      var result=document.getElementById('pwd-info');
```

```
5        var flag=userpwd. checkValidity();
6        if(! flag)
7        {
8            result. innerHTML="请输入正确格式的密码!";
9            userpwd. focus();
10       }
11       else
12           result. innerHTML="";
13   }
```

(4)验证输入的手机号码格式是否正确,若不正确,则输入框右侧的约束条件信息显示“请输入 11 位数字的手机号码!”,若正确,则输入框右侧的约束条件信息显示为空,代码如下:

```
1   function checktel()
2   {
3        var usertel=document. getElementById('tel');
4        var result=document. getElementById('tel-info');
5        var flag=usertel. checkValidity();
6        if(! flag)
7        {
8            result. innerHTML="请输入 11 位数字的手机号码!";
9            usertel. focus();
10       }
11       else
12           result. innerHTML="";
13  }
```

(5)确认密码与输入的密码是否一致,若不一致,则输入框右侧的约束条件信息显示“两次输入的密码不一致!”,若一致则显示为空。代码如下:

```
1   function checkcmpwd()
2   {
3        var userpwd=document. getElementById("pwd"). value;
4        var compwd=document. getElementById("confirmpwd"). value;
5        var result=document. getElementById("com-info");
6        if(userpwd! =compwd){
7            result. innerHTML="两次输入的密码不一致!"
8            document. getElementById("confirmpwd"). focus();
9        }
10       else
11           result. innerHTML="";
12  }
```

(6)当所有输入内容都通过验证时,单击“提交”按钮,弹出“注册成功!”信息框。

```
1  function checkisnull()
2  {
3      var username=document.getElementById("username").value;
4      var userpwd=document.getElementById("pwd").value;
5      var compwd=document.getElementById("confirmpwd").value;
6      var tel=document.getElementById("tel").value;
7      if(username!=''&&userpwd!=''&&compwd!=''&&tel!='')
8      {alert("注册成功!");}
9  }
```

经验指导

在编写 JavaScript 时,没有调试工具是一件很痛苦的事情。通常,如果 JavaScript 出现错误,是不会有提示信息的,这样很难找到代码出错的位置。幸运的是,大部分浏览器都自带调试工具。启用调试工具一般是按 F12 键,并在“调试”菜单中选择“Console”。我们可以使用 console.log()方法在浏览器的调试窗口上打印 JavaScript 值。如图 7-25 所示。

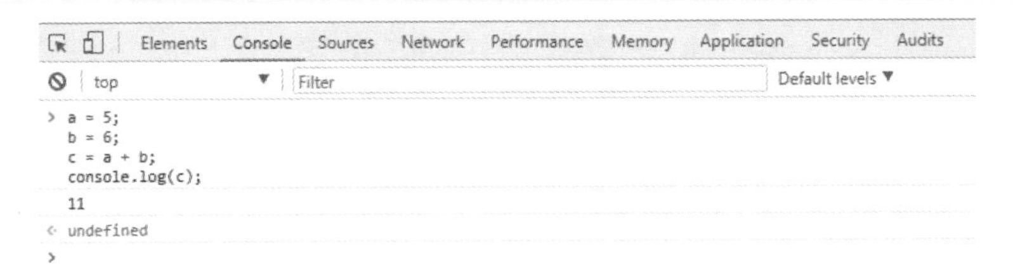

图 7-25 浏览器调试窗口

项目总结

通过本项目的学习,学生能够了解 JavaScript 面向对象思想,掌握 JavaScript 的基础知识和基本语法,会利用基础知识和基本语法编写简单的 JavaScript 程序。掌握了 HTML DOM 对象,常见的事件处理过程、字符串操作和正则表达式,并会利用 DOM 对象和事件驱动完成表单信息的验证。

拓展练习

训练:使用 JavaScript 验证“海南旅游网”留言板页面的留言信息

任务要求:

利用 JavaScript 完成“海南旅游网”留言板页面的留言信息验证,留言之前页面如图

7-26 所示。当必填项 * 没有全部填写时，单击“留言”按钮，弹出相应消息框，如图 7-27 所示。留言信息验证通过后，单击“留言”按钮，弹出相应消息框，如图 7-28 所示。

图 7-26　留言之前页面

图 7-27　留言没有通过页面

图 7-28　留言通过页面

具体要求：

1. 如果用户输入的用户名不满足“可以由字母、数字组成，长度为 5～15 个字符”的验证条件，则当用户离开 input 文本输入框控件时，控件右侧相应的提示信息变为“请输入正确格式的用户名”，光标再次回到 input 文本输入框控件，效果如图 7-29 所示；如果满足条件，则当用户离开 input 文本输入框控件时，控件右侧相应的提示信息变为空，效果如图 7-30 所示。

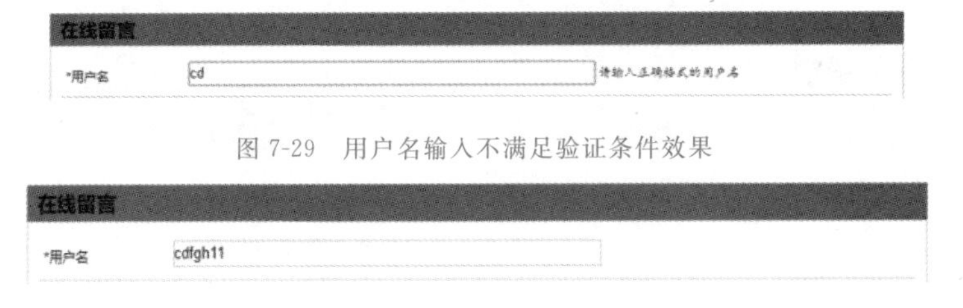

图 7-29　用户名输入不满足验证条件效果

图 7 30　用户名输入正确效果

2. 当用户输入的留言内容少于 10 个字时，则当用户离开 textarea 文本区域控件时，控件右侧相应的提示信息变为“请留下您的宝贵意见，留言内容不能少于 10 个字”，光标再次回到文本区域控件，效果如图 7-31 所示；如果满足条件，则当用户离开文本区域控件时，控件右侧相应的提示信息变为空，效果如图 7-32 所示。

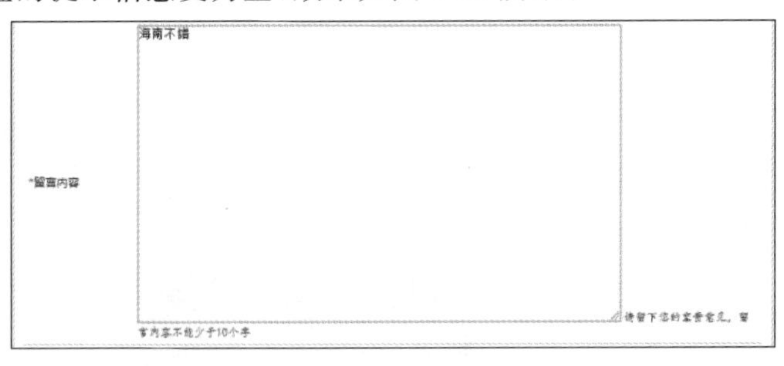

图 7-31　留言内容不满足验证条件效果

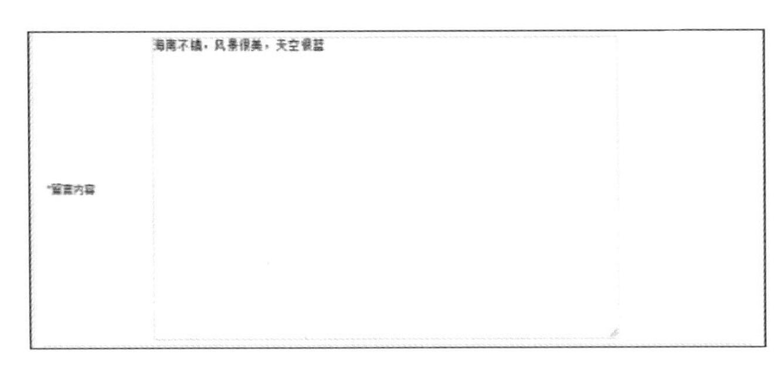

图 7-32　留言内容满足验证条件效果

3. 当用户必填项没有全部填写时，单击“留言”按钮，弹出“信息输入不完整，请检查！”消息框，如图 7-33 所示；当用户的留言信息验证通过后，单击“留言”按钮，弹出相应消息框，如果您选择的性别为“男”，则显示“感谢 * * * 先生留下您宝贵的一言！”；如果您选择的性别为“女”，则显示“感谢 * * * 女士留下您宝贵的一言！”，其中 * * * 为输入的用户名，如图 7-34 所示。

图 7-33　用户必填项没有全部填写效果

图 7-34　用户所有留言信息验证通过效果

项目八 JavaScript应用实例 1

——新城实验小学首页“焦点图轮播”特效设计

项目概述

焦点图是网站内容的一种展现形式，可简单理解为一张图像或多张图像展现在网页上。焦点图一般出现在网站明显的位置，用图像组合播放的形式展示，类似焦点新闻的展示，只不过加上了图像。网站焦点图一般使用在网站首页版面或频道首页版面，因为是通过图像的形式，所以有一定的视觉吸引力，容易引起访问者的关注，如图 8-1 所示。

图 8-1　banner＋焦点图轮播

学习目标

1. 理解焦点图轮播的设计思路。
2. 掌握 HTML BOM 对象。
3. 掌握 setTimeout、clearTimeout 方法及应用。
4. 掌握 setInterval、clearInterval 方法及应用。

知识要求

知识要点	能力要求	关联知识
HTML BOM	掌握	widow、navigator、location、screen、history
设置定时器	掌握	setTimeout、setInterval
清除定时器	掌握	clearTimeout、clearInterval

任务　设计“校园风采”模块焦点图轮播特效

任务情境

新城实验小学首页的“校园风采”模块主要通过三张图像的自动播放来展示学校的风采、特色活动等焦点新闻，采用焦点图轮播的方式能够吸引访问者的注意力，给人留下深刻的印象。图像下方的圆形按钮显示了轮播的图像数量，当圆形按钮为橘色填充时，对应的图像正在播放，当鼠标移到播放的图像时停止自动播放，鼠标移出时继续自动播放。轮播效果如图 8-2 所示，其中图 8-2(a)是图像 1 播放的效果，图 8-2(b)是图像 2 播放的效果，图 8-2(c)是图像 3 播放的效果。

(a)

(b)

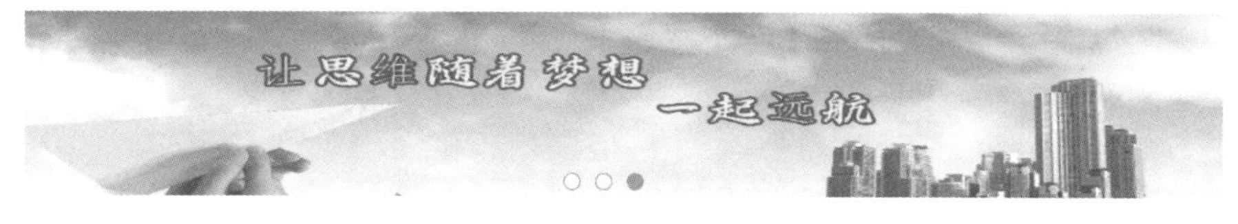

(c)

图 8-2　“校园风采”模块焦点图轮播效果

任务分析

焦点图轮播的设计分成三步实现：第一步设计 HTML 结构，HTML 结构包括轮播的三张图像及下方用<ol>标签设计的三个圆形按钮图标；第二步设计 CSS 样式，如按钮的边框和背景等；第三步设计 JS 特效，用 setInterval()方法实现自动播放，clearInterval()方法清除自动播放。

知识准备

一、BOM 操作

BOM(Browser Object Model,浏览器对象模型)提供了一系列对象用于与浏览器窗口进行交互。例如可以移动浏览器和调整浏览器大小的 window 对象,可以用于导航的 location 对象与 history 对象,可以获取浏览器、操作系统与用户屏幕信息的 navigator 对象与 screen 对象,可以使用 document 对象作为访问 HTML 文档的入口等。其中,window 对象是浏览器的窗口,它是整个 BOM 的核心,位于 BOM 对象的顶层。BOM 对象的层次结构如图 8-3 所示。

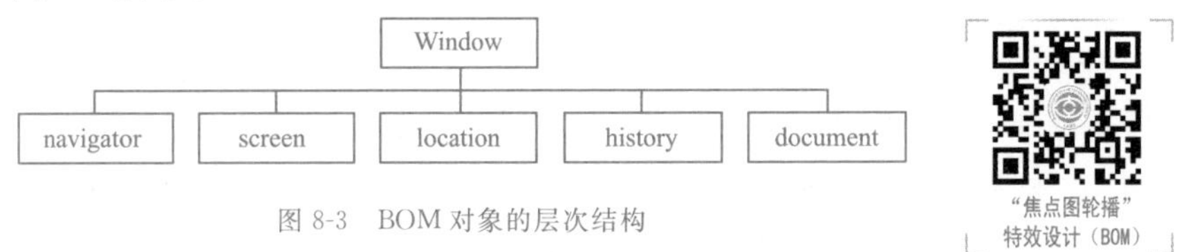

图 8-3　BOM 对象的层次结构

1. window 对象

所有浏览器都支持 window 对象,它表示浏览器窗口,可以用于获取浏览器窗口的尺寸、坐标,或设置计时器等。window 对象常用的属性和方法见表 8-1。

表 8-1　　window 对象的常用属性和方法

属性/方法	说明
parent、self、top	分别返回父窗口、当前窗口和最顶层窗口的对象引用
screenLeft、screenTop,screenX、screenY	返回窗口的左上角在屏幕上的 X、Y 坐标。Firefox 不支持 screenLeft、screenTop,IE8 及更早的 IE 版本不支持 screenX、screenY
innerWidth、innerHeight	分别返回窗口文档显示区域的宽度和高度
outerWidth、outerHeight	分别返回窗口的外部宽度和高度
closed	返回当前窗口是否已被关闭的布尔值
opener	返回对创建此窗口的窗口引用
open()、close()	分别表示打开、关闭浏览器窗口
alert()、confirm()、prompt()	分别表示弹出警告框、确认框、用户输入框
moveBy()、moveTo()	以窗口左上角为基准移动窗口,moveBy()是按偏移量移动,moveTo()是移动到指定的屏幕坐标
scrollBy()、scrollTo()	scrollBy()是按偏移量滚动内容,scrollTo()是滚动到指定的坐标
setTimeout()、clearTimeout()	设置或清除普通定时器
setInterval()、clearInterval()	设置或清除周期定时器

例如:

```
<button onclick="window.close();">关闭窗口</button>
//实现单击按钮关闭浏览器窗口的操作
```

2. navigator 对象

navigator 对象包含有关访问者浏览器的信息。其常用的属性见表 8-2。

表 8-2　navigator 对象的常用属性

属性	说明
appName	返回浏览器的名称
appVersion	返回浏览器的平台和版本信息
browserLanguage	返回当前浏览器的语言
platform	返回运行浏览器的操作系统平台
systemLanguage	返回操作系统使用的默认语言
userLanguage	返回操作系统的自然语言设置
javaEnabled()	规定浏览器是否启用 Java

例如：

```
document.write(window.navigator.appName);//在文档上输出了浏览器的名称
```

3. location 对象

location 对象用于获取和设置当前网页的 URL 地址，其常用的属性和方法见表 8-3。

表 8-3　location 对象的常用属性和方法

属性/方法	说明
hash	获取或设置 URL 中的锚点，例如"#top"
host	获取或设置 URL 中的主机名，例如"itcast.cn"
port	获取或设置 URL 中的端口号，例如"80"
href	获取或设置整个 URL，例如"http://www.itcast.cn/1.html"
pathname	获取或设置 URL 的路径部分，例如"/1.html"
protocol	获取或设置 URL 的协议，例如"http:"
search	获取或设置 URL 地址中的 GET 请求部分，例如"?name=haha&age=20"
reload()	重新加载当前文档

例如：

```
window.location.href="http://www.baidu.com";      //跳转到百度首页
```

4. screen 对象

screen 对象包含有关用户计算机屏幕的信息。screen 对象的常用属性见表 8-4。

表 8-4　screen 对象的常用属性

属性	说明
width、height	屏幕的宽度和高度
availWidth、availHeight	屏幕的可用宽度和可用高度(不包括 Windows 任务栏)
colorDepth	屏幕的颜色位数

例如：

```
document.write(window.screen.width);      //在文档上输出了屏幕的宽度
```

5. history 对象

history 对象的主要作用是控制浏览器的前进和后退，其常用方法见表 8-5。

表 8-5 history 对象的常用方法

方法	说明
back()	加载历史记录中的前一个 URL(相当于后退)
forward()	加载历史记录中的后一个 URL(相当于前进)
go()	加载历史记录中的某个页面

例如：

```
window.history.back(-1)        //实现了"后退一步"的功能
```

二、设置或者清除定时器

可以使用 window 对象的 setTimeout()、clearTimeout()、setInterval()、clearInterval()方法来设置或者清除定时器。

"焦点图轮播"特效设计（定时器）

1. setTimeout()方法

setTimeout()方法用来设置普通定时器，可以实现在指定的时间后调用函数执行指定的代码。

语法格式：

```
setTimeout(code,millisec);
```

其中，参数 code 为要调用的函数或要执行的代码串，参数 millisec 为指定的时间，通常以毫秒计。

例如：

```
function diag()                    //定义一个对话框函数 diag
{
    alert("你好");
}
setTimeout(diag,3000);             //设置定时器
```

其中，diag 为要调用的函数，3000 为指定的时间。运行代码，打开网页后 3 秒钟会弹出"你好"提示框。

2. clearTimeout()方法

clearTimeout()方法可取消由 setTimeout() 方法设置的定时。语法格式：

```
clearTimeout(id_of_settimeout);
```

其中，参数 id_of_settimeout 为由 setTimeout() 返回的 ID 值。

我们可以用 clearTimeout()方法将上面示例中的定时器取消，代码如下：

```
function diag()
{
    alert("你好");
}
var timer=setTimeout(diag,3000);
clearTimeout(timer);               //取消定时器
```

运行代码，打开网页 3 秒钟后将不会弹出“你好”提示框，因为 setTimeout()设置的定时器已经被 clearTimeout()取消了。

setTimeout()只执行 code 一次，即实现单次定时。如果要多次调用，即实现多次定时必须使用 setInterval()方法。

3. setInterval()方法

setInterval()方法用来设置周期定时器，可以实现按照指定的周期来调用函数或计算表达式。

语法格式：

```
setInterval(code,millisec);
```

其中，参数 code 为要调用的函数或要执行的代码串，参数 millisec 为周期性执行或调用 code 的时间间隔，以毫秒计。

例如，将上面的示例改成用 setInterval()方法，代码如下：

```
function diag()
{
    alert("你好");
}
setInterval(diag,1000);                    //设置周期定时器
```

运行代码，打开网页 1 秒钟后将会弹出“你好”提示框，单击提示框上的“确定”按钮，再过 1 秒后又会弹出“你好”提示框，如此不停地弹出提示框，直到关闭页面。

4. clearInterval()方法

clearInterval() 方法可取消由 setInterval()设置的定时。语法格式：

```
clearInterval(id_of_setinterval);
```

其中，参数 id_of_setinterval 是由 setInterval() 返回的 ID 值。

我们可以用 clearInterval()方法将上面示例中的由 setInterval()设置的定时器取消，代码如下：

```
function diag()
{
    alert("你好");
}
var timer=setInterval(diag,1000);          //设置周期定时器
clearInterval(timer);                      //取消周期定时器
```

运行代码，打开网页将不会弹出“你好”提示框。

定时器在网页上的应用非常多，如可以设计动态时钟、简单动画、焦点图轮播等，下面将通过一个简单的案例讲解定时器的应用。

[例 8-1] 一分钟倒计时。

要求：单击“开始”按钮倒计时开始，单击“暂停”按钮停止倒计时，当倒计时结束时显示信息“☞倒计时结束”。

代码如下：

```
1  <html>
2  <head>
```

```
3 <meta charset="UTF-8"/>
4 <title>一分钟倒计时</title>
5 </head>
6 <style>
7 /*CSS样式设计*/
8 *{
9       margin:0;
10      padding:0;
11 }
12 #all{
13      width:100%;
14      margin:10px auto;
15      text-align:center;
16 }
17 .number{
18      font-size:200px;
19      font-weight:bold;
20      color:pink;}
21 input{
22      border:0;
23 }
24 #startbtn{
25      background:#09F;
26      font-size:16px;
27      margin-top:20px;
28      padding:5px 10px;
29 }
30 #stopbtn{
31      background:#F00;
32      font-size:16px;
33      padding:5px 10px;
34 }
35 </style>
36 <body>
37 <!--HTML结构设计-->
38 <div id="all">
39 <h2>一分钟倒计时</h2>
40 <div id="show" class="number"></div>>
41 <input type="button" id="startbtn" value="开始"/>
42 <input type="button" id="stopbtn" value="停止"/>
43 </div>
44 <!--JS设计-->
45 <script>
```

```
46 var i=60;              //定义倒计时的数值为 60
47 var timer;
48 var startn=document.getElementById("startbtn");
49 var stopn=document.getElementById("stopbtn");
50 var showtime=document.getElementById("show");
51 function update()      //定义定时器调用的函数
52 {
53     if(i>0)
54     {
55         i=i-1;
56         showtime.innerHTML=i;
57     }
58     else
59     {
60         showtime.innerHTML="☞倒计时结束";
61     }
62 }
63 startn.onclick=function()                    //单击"开始"按钮,开始倒计时
64 {
65     timer=setInterval('update()',1000);      //设置周期定时器
66 }
67 stopn.onclick=function()                     //单击"停止"按钮,取消定时器
68 {
69     clearTimeout(timer);
70 }
71 </script>
72 <body>
```

在上述代码中,第 56 行代码表示重新设置 showtime 内的 HTML 代码为 i,第 60 行代码表示重新设置 showtime 内的 HTML 代码为"☞倒计时结束"。

运行代码,效果如图 8-4 所示。

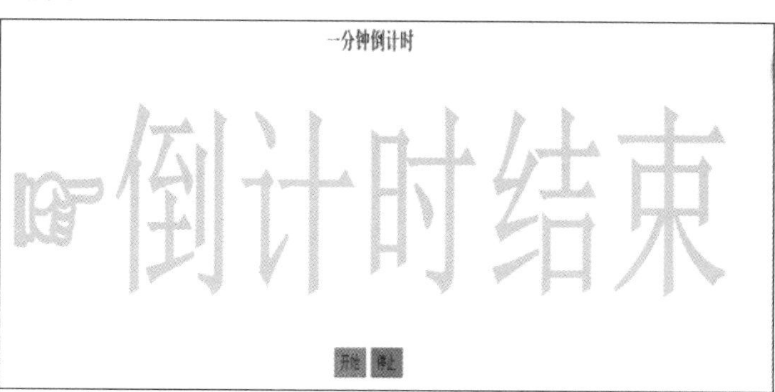

图 8-4 "一分钟倒计时"效果

任务实现

1. 结构分析

由图 8-1 效果可分析，整体焦点图轮播模块由<div>标签布局，其中轮播的图像模块用<div>标签布局，要显示图像的<img/>标签可以使用<div>标签进行包裹，切换图标可以使用<ol>、<li>标签设计。具体的结构分析如图 8-5 所示。

图 8-5 “焦点图轮播”结构分析图

2. 样式分析

焦点图像有三张，但是每次只能显示一张，因此将显示出来的图像的 display 属性设为 block，其他图像的 display 属性设 none，固定外层 div 的大小，用 overflow：hidden 将溢出的内容隐藏，并设计轮播的三张图像大小与外层一致。

与图像同步切换的图标，因为要显示在图像的上面，所以对其做相对于父 div 的绝对定位，同时设置 li 浮动，让三个图标在一行显示，设置图标初始样式和切换样式。

3. JS 效果分析

由图 8-1 我们可以发现“焦点图轮播”特效主要有三个状态：

(1)当页面加载完后，每几秒钟自动切换一张图像。

(2)与图像同步切换的图标要与图像同步进行样式改变。

(3)当鼠标停留在某个焦点图像上时，图像停止自动切换。

(4)当鼠标从某个焦点图像上移出时，恢复图像自动切换效果。

轮播实现的效果是图像轮流不停地切换显示，我们可以用 setInterval()方法设置周期定时器实现该效果；当鼠标移到图像上时，用 clearInterval()方法取消周期定时器，自动切换就会停止，当鼠标移出时恢复定时器，自动切换恢复。

4. 制作 HTML 页面结构

(1)打开“index. html”文件，在<head></head>标签对中添加如下代码：

```
1  <head>
2  ……
3  <script type:"text/javascript" src="js/index. js"></script>
4  </head>
```

(2)继续在文件内，在已完成的新城实验小学首页“校园风采”区域删除<img src="images/xyfc. jpg"/>代码，同时添加如下代码：

```
1  <div class="focusimg">
2  <! --焦点图-->
3  <div id="focus_pic">
4  <div class="current"><img src="images/xyfc. jpg" alt="青春风采"/></div>
5  <div class="pic"><img src="images/xyfc2. jpg" alt="墨林宝贝"/></div>
```

```
6 <div class="pic"><img src="images/xyfc3.jpg" alt="思维远航"/></div>
7 </div>
8 <! --按钮图标-->
9 <ol id="button">
10 <li class="current"></li>
11 <li class="but"></li>
12 <li class="but"></li>
13 </ol>
14 </div>
```

上述代码中，第 4～7 行代码设置插入了三张轮播的图像，因为默认网页加载时显示第一张图像，第二、三张图像隐藏，所以这 3 行代码应用了 2 个类，第 9～13 行代码设置 3 个按钮，应用了 2 个类，当图像显示时对应按钮显示一种效果，隐藏时显示另一种效果。

5. 设计 CSS 样式

打开“index. css”文件，具体设计如下。

(1)设计焦点图轮播外层 div 元素的样式，设置该 div 元素的大小，进行相对定位，同时让它离标题图像一定距离，代码如下：

```
1 .focusimg{
2     width:1000px;            /*设置宽度*/
3     height:150px;            /*设置高度*/
4     position:relative;       /*设置相对定位*/
5     overflow:hidden;         /*设置溢出的内容隐藏*/
6 }
```

(2)设计轮播图像的大小，代码如下：

```
1 .focusimg img{width:1000px; height:150px;}
```

(3)设计图像的显示/隐藏效果，代码如下：

```
1 .focusimg .pic{display:none;}              /*div 不显示*/
2 .focusimg .current{display:block;}         /*div 显示为块状结构*/
```

(4)设计按钮图标的效果，代码如下：

```
1 .focusimg ol{
2     position:absolute;       /*绝对定位*/
3     left:450px;              /*左边框与父元素左边的距离*/
4     bottom:5px;              /*下边框与父元素底部的距离*/
5 }
6 .focusimg ol li{
7     float:left;              /*按钮左浮动*/
8     width:12px;
9     height:12px;
10    border:1px solid #FF7101;
11    border-radius:50%;       /*圆形*/
12    margin-right:12px;       /*按钮之间的距离*/
```

```
13      text-align:center;           /* 文字水平方向居中对齐 */
14      line-height:12px;            /* 文字垂直方向居中对齐 */
15      cursor:pointer;              /* 光标呈现为指示链接的指针(一只手) */
16 }
17 .focusimg ol li:after{
18      content:"";  /* 列表项内容为空 */
19      font-size:12px;
20 }
21 .focusimg ol .current{
22      background:#FF7101;          /* 背景为橘色 */
23      color:#FFF;                  /* 文字为白色 */
24 }
25 .focusimg ol .but{
26      background:#FFF;             /* 背景为白色 */
27      color:#FF7101;               /* 文字为橘色 */
28 }
```

上述代码中，第1～5行代码设置按钮图标相对于父元素(div.focusimg)绝对定位的位置，第6～20行代码设置按钮图标中每个按钮的样式，第21～24行代码设置当前显示按钮的样式，第25～28行代码设置不在显示状态的按钮的样式。

6. 编写JavaScript代码，实现焦点图轮播

思路：

(1)首先定义一个变量用于保存当前焦点元素(按钮)的索引，然后定义一个函数，在函数里设置该索引值自增，当索引值大于焦点元素的长度时，索引回到原始值，否则遍历所有的按钮元素与图像元素。如果当前的元素为焦点元素，则设置按钮和图像的类名都为current，不为焦点元素的话，则设置按钮类名为but，图像的类名为pic。

(2)函数定义完后用setInterval()方法调用该函数，实现周期定时器。

(3)鼠标移上去时用clearInterval()方法取消定时器。

(4)鼠标移出去时用setInterval()方法恢复定时器。

打开"index.js"文件，根据上面分析，代码如下：

```
1 window.onload=function(){
2     var current_index=0;  //保存当前焦点元素的索引
3     var timer=window.setInterval(autoChange, 2000);  //周期性调用autoChange函数
4     var button_li=document.getElementById("button").getElementsByTagName("li");
                                                 //获取所有轮播按钮
5     var pic_div=document.getElementById("focus_pic").getElementsByTagName("div");
                                                 //获取所有焦点图像
6     function autoChange(){                     //定义调用的函数
7         ++current_index;                       //自增索引
8         if (current_index==button_li.length) {  //当索引自增达到上限时，索引归0
```

```
9              current_index=0;
10         }
11         for(var i=0;i<button_li.length;i++){    //遍历元素
12             if(i==current_index){
13                 button_li[i].className="current";
14                 pic_div[i].className="current";
15             }
16             else{
17                 button_li[i].className="but";
18                 pic_div[i].className="pic";
19             }
20         }
21     }
22     for(i=0;i<pic_div.length;i++)
23     {
24         pic_div[i].onmouseover=function ()         //鼠标移上事件
25         {
26             clearInterval(timer);                  //取消定时器
27         }
28         pic_div[i].onmouseout=function()           //鼠标移出事件
29         {
30             timer=setInterval(autoChange,2000); //启动定时器,恢复轮播
31         }
32     }
33 }
```

上述代码中,第 1 行代码设计在窗体加载时调用函数,即网页打开时就能显示“焦点图轮播”特效,第 4 行代码中 getElementsByTagName("li")方法返回带有<li>标签名的对象的集合,第 5 行代码返回 id 为 focus_pic 对象下的带有<div>标签名的对象的集合。第 22～32 行代码遍历了所有的焦点图像,设置每个焦点图像当鼠标移上时取消定时器,移出时恢复定时器的效果。鼠标移上对应的是 onmouseover 事件,移出对应的是 onmouseout 事件。

说明:上述代码中的 document.getElementById("button").getElementsByTagName("li")为链式调用,该方法一般适合对一个对象进行连续操作,语法格式:对象名.方法名.方法名,当方法返回的是对象时可以采用该调用方式。

经验指导

浏览器的定时器都不是精确执行的,如果说你的代码执行时间比较久的话,就会导致 setInterval 中的一部分函数调用被略过,可以采用 setTimeout()方法递归调用。

项目总结

通过本项目的学习，学生能够掌握 HTML BOM 对象的使用，会利用 setTimeout()、clearTimeout()、setInterval()、clearInterval()方法设置和清除定时器，会灵活运用这些方法完成"焦点图轮播"特效等 JavaScript 应用。

拓展练习

训练：设计"海南旅游网"首页焦点图轮播特效

任务要求：

请结合给出的素材，在"海南旅游网"首页宣传栏上，完成焦点图轮播特效，效果如图 8-6 所示，其中第一张图是"西岛旅游"播放的效果，第二张图是"三亚旅游"播放的效果，第三张图是"海口旅游"播放的效果。

图 8-6 宣传栏对应的焦点图轮播特效

具体要求：

1. 左侧焦点图像模块用<div>标签布局，大小为 493 像素×220 像素，同时在该模块内布局三张轮播图像，且每张图像都设计空链接。

2. 焦点图像模块外围有 1 像素、实线、颜色为＃DDD 的边框，里面轮播图像大小为 493 像素×220 像素。

3. 右侧栏目面板模块用<ul>、<li>标签布局，<li>标签内用<span>标签布局栏目标题文字，且每个标题文字都设计空链接。

4. 栏目面板模块的大小为 247 像素×220 像素，离左侧图像模块距离为 487 像素。

5. 设置每个栏目(li)大小为 247 像素×73 像素，背景图像为“tabs _bg. png”，下外边距为 1 像素。

6. 标题文字链接的样式：字体为“黑体”，大小为 24 像素，加粗大小为 500，文本水平、垂直方向居中显示，字符间距为 0.5 个字符。

7. 页面加载完成后，初始化右侧栏目面板模块标题文字为“西岛旅游”且背景图像变成“tab_current_bgd. png”，左侧图像模块显示西岛旅游图像。同时右侧栏目标题文字和左侧对应的焦点图像每 2 秒钟自动切换一次，当左侧焦点图像处于显示状态时，右侧标题文字背景图像变成“tab_current_bgd. png”。

8. 当鼠标悬停在标题栏目上时，背景显示为“tab_current_bgd. png”，左侧图像模块自动切换至与该栏目对应的图像，且轮播停止。当鼠标从标题栏目上移出时，轮播继续。

项目九

JavaScript 应用实例 2

——新城实验小学首页 Tab 面板设计

项目概述

在网页设计中，常遇到网页内容多而版面少的问题，这可以用 Tab 面板技术来解决，以在有限区域内显示更多内容。Tab 面板由标题块和内容栏两大部分组成，标题个数与内容子块个数相同，某个标题获取焦点，其对应的内容栏显示，其他内容栏隐藏。Tab 面板设计分三步：第一步设计 HTML 页面结构，即构建标题和内容栏；第二步设计 CSS 样式，即设计标题和内容栏样式；第三步添加 JS 特效，实现用户鼠标移到某个标题栏上时，其对应的内容栏显示，其他内容栏隐藏的特效。本项目将详细介绍 Tab 面板技术。

学习目标

1. 理解 Tab 面板技术的设计思路。
2. 掌握 DOM 节点对象属性。
3. 掌握 DOM 节点元素属性和内容操作。

知识要求

知识要点	能力要求	关联知识
DOM 节点对象	掌握	父节点、兄弟节点、子节点
DOM 节点元素	掌握	innerHTML、className、style
Tab 面板	掌握	隐藏/显示 div

任务 设计“新闻动态/通知公告”Tab 面板

任务情境

新城实验小学首页的“新闻动态/通知公告”模块包括新闻动态和通知公告两栏信息，两栏信息在一个模块里交替显示。初始化显示“新闻动态”栏目信息，当用户将鼠标移到“通知公告”标题文字上时，模块中显示通知公告栏目信息。反之，当用户将鼠标移到“新闻动态”标题文字上时，模块中显示新闻动态栏目信息，效果如图 9-1 和图 9-2 所示。

图 9-1 “新闻动态”面板

图 9-2 “通知公告”面板

任务分析

在一个模块中显示多栏目内容可以通过 Tab 面板技术实现，本任务利用 Tab 面板技术完成“新闻动态/通知公告”模块设计。

知识准备

一、访问 DOM 节点相关元素

前面已介绍 HTML DOM 对象模型中访问指定元素的方法。除了访问指定元素外，我们还常会遇到需要访问元素的父、子节点元素，可以通过使用 DOM 节点对象的 parentNode、childNodes 等属性来实现，具体见表 9-1。

表 9-1 DOM 中有关节点元素的属性应用

属性	说明
parentNode	获取元素节点的父节点
childNodes	获取元素节点的子节点数组
firstChild	获取元素节点的第一个子节点
lastChild	获取元素节点的最后一个子节点
previousSibling	获取元素节点的前一个兄弟节点
nextSibling	获取元素节点的后一个兄弟节点

下面来学习 DOM 节点相关元素的访问,如[例 9-1]所示。

[例 9-1] DOM 节点相关元素的访问。

```
1  <head>
2  <meta charset="UTF-8">
3  <title>DOM 节点相关元素的访问</title>
4  <style>
5  ul{
6       width:200px;
7       list-style:none;
8       color:red;
9       margin:0;
10      padding:0;
11 }
12 ul li{
13      text-align:center;
14      font-size:18px;
15      font-weight:bold;
16 }
17 </style>
18 <script>
19 function init() {
20      var list=document.getElementById("one");    //获取 id="one"元素对象
21      var ListParent=list.parentNode;              //获取 id="one"元素对象的父节点对象
22      ListParent.style.color="blue";        //设置 id="one"元素对象父节点对象的字体颜色
23      ListParent.style.border="1px solid #CCC"; //设置 one 元素对象父节点对象的边框
24 }
25 </script>
26 </head>
27 <body onload="init()">
28 <h3>parentNode 属性应用</h3>
29 <ul class=scrollUI id="ParentUI">
30 <li id="one">1</li>
31 <li>2</li>
32 <li>3</li>
33 <li>4</li>
34 </ul>
35 </body>
```

在上述代码中,第 20 行代码设置获取网页中 id="one"的元素对象,并赋值给 list 对象。第 21 行代码利用 list 对象的父节点属性(parentNode)获取 list 对象的父节点对象,即项目列表标签<ul>,并赋值给 ListParent。第 22 行代码利用 style 属性设置 ListParent 对象的字体颜色。第 23 行代码设置 ListParent 对象的边框。

运行代码，效果如图 9-3 所示。

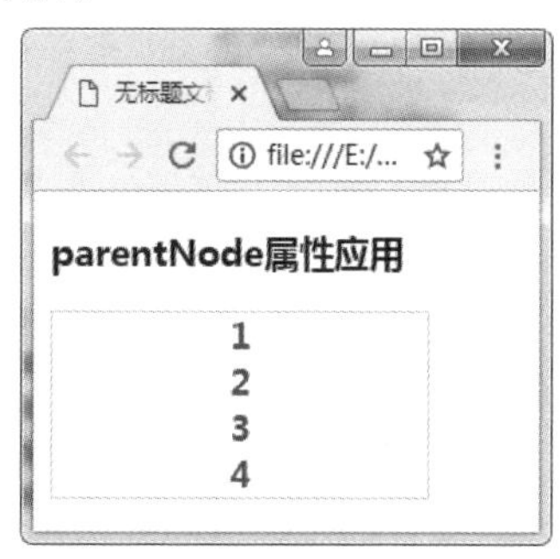

图 9-3　元素的常用属性应用

二、DOM 元素属性与内容操作

HTML DOM 对象模型不仅可以访问元素中的节点，还可以对元素属性和内容进行操作，其常用方法见表 9-2。

表 9-2　DOM 中元素属性和内容操作

类型	属性/方法	说明
元素内容	innerHTML	获取或设置元素的 HTML 内容
元素属性	className	获取或设置元素的 class 属性
	style	获取或设置元素的 style 样式属性

下面来学习 DOM 元素属性与内容操作，如[例 9-2]所示。

[例 9-2] DOM 元素属性与内容操作。

```
1  <head>
2  <meta charset="UTF-8">
3  <title>DOM 元素属性与内容操作</title>
4  <style>
5  .s1{
6      background-color:#39F;
7      color:#FFF;
8  }
9  </style>
10 <script>
11 function init() {
12     var title=document.getElementById("title");              //获取 id="title"元素对象
13     title.innerHTML="<h1>元素属性与内容操作</h1>";   //元素内容操作
14     title.className="s1";                                    //元素属性操作
15 }
16 </script>
17 </head>
```

```
18 <body onload="init()">
19 <div id="title">一级标题</div>
20 </body>
```

在上述代码中，第 11～15 行代码定义了函数 init，在该函数里首先通过 document.getElementById 方法获取网页中 id 为 title 的元素，并赋值给 title 对象，接着将 title 对象的 HTML 代码修改为"<h1>元素属性与内容操作</h1>"，最后将 title 对象的样式设置为类 s1。

运行代码，效果如图 9-4 所示。

元素属性与内容操作

图 9-4　元素属性与内容操作

任务实现

1. 结构分析

由图 9-1 的效果可分析，Tab 面板 HTML 结构分为 3 层，最外层用<div>标签布局，第二层由标题栏和两个内容栏组成，标题栏用<ul>、<li>标签设计，内容栏用<div>标签布局；第三层内容栏信息用<ul>、<li>标签设计，结构分析如图 9-5 所示。

图 9-5　"新闻动态/通知公告"模块 Tab 面板结构分析

2. 样式分析

(1)对 Tab 面板的最外层设计样式，实现对整个 Tab 面板控制，如宽度、高度、居中显示，为防止栏目信息过多地显示在外面，所以对溢出的信息进行隐藏。

(2)对 Tab 面板标题栏设计样式，设置<ul>标签有背景图像“pic3. jpg”，<li>标签左浮动。

(3)设置标题文字超链接块状显示，鼠标样式为 pointer，水平、垂直方向居中对齐。初始化及鼠标移到文字上时文字下面出现图像“shaow. png”。

(4)对 Tab 面板内容设置样式，为了便于控制内容栏，为每个内容 div 取 id，并让“新闻动态”div 元素默认显示(通过 display 属性控制 div 元素是否显示)。

(5)设置内容栏目信息<li>标签有背景图像“ico1. gif”，有下边框线。

(6)设置日期文字右浮动。

(7)设置鼠标移到内容栏目信息上时文本改变颜色。

3. JS 效果分析

(1)为 Tab 面板的标题栏元素<li>添加鼠标滑过事件(onmouseover)。

(2)调用函数实现 Tab 栏切换效果。

4. 制作 HTML 页面结构

打开“index. html”文件，在已完成的“新城实验小学”首页的“新闻动态/通知公告”模块删除代码<img src="images/tab. png"/>，同时添加如下代码：

```
1  <div class="center">
2  <! ---------------------Tab 面板开始--------------------------->
3  <div class="scrolldoorFrame">
4  <! ---------------------Tab 面板之标题块--------------------------->
5  <ul class="scroll" id="myTab1">
6  <li onmouseover="nTabs(this,0)" class="sd01"value="0">
7  <a href="#">新闻动态</a>
8  </li>
9  <li onmouseover="nTabs(this,1)" class="sd02"value="1">
10 <a href="#">通知公告</a>
11 </li>
12 </ul>
13 <! ---------------------Tab 面板之子内容栏 1--------------------------->
14 <div style="display:block;" id="list0">
15 <div class="dn">
16 <ul>
17 <li>
18 <span>2016-7-1</span>
19 <a href="#">新城小学荣获某某称号，希望以后更……</a>
20 </li>
21 <li>
22 <span>2016-7-1</span>
```

```
23 <a href="#">新城小学荣获某某称号,希望以后更……</a>
24 </li>
25 <li>
26 <span>2016-7-1</span>
27 <a href="#">新城小学荣获某某称号,希望以后更……</a>
28 </li>
29 <li>
30 <span>2016-7-1</span>
31 <a href="#">新城小学荣获某某称号,希望以后更……</a>
32 </li>
33 <li>
34 <span>2016-7-1</span>
35 <a href="#">新城小学荣获某某称号,希望以后更……</a>
36 </li>
37 <li>
38 <span>2016-7-1</span>
39 <a href="#">新城小学荣获某某称号,希望以后更……</a>
40 </li>
41 <li>
42 <span>2016-7-1</span>
43 <a href="#">新城小学荣获某某称号,希望以后更……</a>
44 </li>
45 <li>
46 <span>2016-7-1</span>
47 <a href="#">新城小学荣获某某称号,希望以后更……</a>
48 </li>
49 </ul>
50 </div>
51 </div>
52 <! ----------------------Tab 面板之子内容栏 2--------------------------->
53 <div style="display:none;" id="list1">
54 <div class="dn">
55 <ul>
56 <li>
57 <span>2016-7-1</span>
58 <a href="#">新城小学入学报名时间为 8 月 22 日至 26 日……</a>
59 </li>
60 <li>
61 <span>2016-7-1</span>
62 <a href="#">新城小学入学报名时间为 8 月 22 日至 26 日……</a>
63 </li>
```

```
64 <li>
65 <span>2016-7-1</span>
66 <a href="#">新城小学入学报名时间为 8 月 22 日至 26 日……</a>
67 </li>
68 <li>
69 <span>2016-7-1</span>
70 <a href="#">新城小学入学报名时间为 8 月 22 日至 26 日……</a>
71 </li>
72 <li>
73 <span>2016-7-1</span>
74 <a href="#">新城小学入学报名时间为 8 月 22 日至 26 日……</a>
75 </li>
76 <li>
77 <span>2016-7-1</span>
78 <a href="#">新城小学入学报名时间为 8 月 22 日至 26 日……</a>
79 </li>
80 <li>
81 <span>2016-7-1</span>
82 <a href="#">新城小学入学报名时间为 8 月 22 日至 26 日……</a>
83 </li>
84 <li>
85 <span>2016-7-1</span>
86 <a href="#">新城小学入学报名时间为 8 月 22 日至 26 日……</a>
87 </li>
88 </ul>
89 </div>
90 </div>
91 </div>
```

在上述代码中，第 6 行代码设置给该列表项添加鼠标经过该对象的事件，函数“nTabs(this,0)”中的“this”表示该列表项对象，即“新闻动态”。“0”为 value 值，“class="sd01"”设置样式为“sd01”，sd01 样式为显示标题栏。

第 9 行代码设置给该列表项添加鼠标经过该对象的事件，函数“nTabs(this,1)”中的“this”表示该列表项对象，即“通知公告”。“1”为 value 值，“class="sd02"”设置样式为“sd02”，sd02 样式为不显示标题栏。

第 14 行代码设置“id="list0"”的 div 显示为块状元素，即设置“新闻动态”内容栏默认显示，设置其 id 号便于 JavaScript 通过 id 访问该节点，以便对其他属性进行操作。

第 53 行代码设置“id="list1"”的 div 元素不会显示，即设置“通知公告”内容栏不显示，设置其 id 号作用同第 14 行代码。

5. 设计 CSS 样式

打开“index. css”文件，具体设计如下。

(1)设置 Tab 面板最外层的 div 元素样式,代码如下:

```
1  .scrolldoorFrame{
2      width:400px;                          /*设置宽度*/
3      margin:0px auto;                      /*设置居中*/
4      overflow:hidden;                      /*设置溢出隐藏*/
5  }
```

(2)设置 Tab 面板标题行(<ul>)的样式,代码如下:

```
1  .scroll{
2      width:400px;                          /*设置宽度*/
3      overflow:hidden;                      /*设置溢出隐藏*/
4      height:40px;                          /*设置高度*/
5      background:url(../images/pic3.jpg) no-repeat;   /*设置背景图像不重复*/
6      padding-left:50px;                    /*设置左内边距*/
7  }
```

(3)设置 Tab 面板标题行的项目列表项(<li>)的样式,代码如下:

```
1  .scroll li{
2      float:left;   /*设置左浮动*/
3  }
```

(4)设置 Tab 面板标题行的项目列表项超链接(<a>)的样式,代码如下:

```
1  .scroll li a{
2      display:block;                          /*设置显示为块状*/
3      cursor:pointer;                         /*设置鼠标为手指样式*/
4      width:105px;                            /*设置宽度*/
5      text-align:center;                      /*设置文字居中对齐*/
6      margin-right:3px;                       /*设置右外边距*/
7      height:37px;                            /*设置高度*/
8      line-height:37px;                       /*设置行高*/
9      font:normal 16px "Microsoft YaHei";     /*设置字体样式、大小、字形*/
10 }
```

(5)设置 Tab 面板标题行当前显示的列表项的样式,代码如下:

```
1  .sd01 a {
2      background:url(../images/shaow.png) no-repeat bottom center;
                                  /*设置背景图像不重复,水平居中,垂直底部对齐*/
3      color:#C93738;             /*设置字体颜色*/
4  }
```

(6)设置 Tab 面板标题行当前隐藏的列表项的样式(鼠标不在该列表项),代码如下:

```
1  .sd02 a {
2      color:#5DA818;                  /*设置字体颜色*/
3  }
```

(7)设置 Tab 面板内容栏的项目列表(<ul>)整体样式,代码如下:

```
1  .dn ul{
2      padding:10px 10px 0px 10px;          /*设置内边距*/
3  }
```

(8)设置 Tab 面板内容栏的列表项(<li>)的样式,代码如下:

```
1  .dn ul>li{
2      height:26px;                          /*设置高度*/
3      line-height:26px;                     /*设置行高*/
4      border-bottom:1px dashed #CCC;        /*设置下边框宽度为1像素、虚线、灰色*/
5      background:url(../images/ico1.gif) no-repeat left center;/*设置背景图像不重复,水平
                                                  左侧对齐,垂直居中对齐*/
6      padding:0 10px 0 18px;                /*设置内边距*/
7  }
```

(9)设置 Tab 面板内容栏的列表项超链接(<a>)的样式,设置块状显示,代码如下:

```
1  .dn ul>li a{
2      display:block;                 /*设置显示块状*/
3      overflow:hidden;               /*设置溢出隐藏*/
4  }
```

(10)设置鼠标经过 Tab 面板内容栏的列表项的样式,设置其字体颜色,代码如下:

```
1  .dn ul>li a:hover{
2      color:#C93738;                 /*设置文本颜色*/
3  }
```

(11)设置 Tab 面板内容栏的列表项中日期(<span>)的样式,代码如下:

```
1  .dn ul>li span{
2      float:right;                   /*设置右浮动*/
3      color:#666;                    /*设置文本颜色*/
4  }
```

6. 编写 JavaScript 代码,实现 Tab 面板切换

函数 nTabs 的编写思路是:先判断当前获取焦点(鼠标移上)的标题栏是否当前显示的对象,若是,直接结束函数,若不是则需做如下操作:

(1)访问当前获取焦点的标题栏的父节点,即类名为 scroll 的标题项目列表元素。

(2)通过访问节点 getElementsByTagName()的方法对标题项目列表中所有列表元素遍历,遍历的同时判断,若该列表索引与传递参数相同,则设置该标题列表项元素的样式为 sd01(当前获取焦点样式),其对应内容栏设为显示。其他的列表项元素样式为 sd02,及其对应的内容栏设为隐藏。

打开"index.js"文件,根据上面分析编写代码,代码如下:

```
1  function nTabs(thisObj,Num){
2      if(thisObj.className=="sd01")return;   //若 thisObj 的类名是"sd01",则结束程序
3      var tabObj=thisObj.parentNode.id;      //获取 thisObj 父节点的 id,并赋值给 tabObj
4      var tabList=document.getElementById(tabObj).getElementsByTagName("li");
       //获取标题的所有列表项
5      for(i=0; i<tabList.length; i++)
6      {
```

```
7            if (i==Num)
8            {
9                thisObj.className="sd01";          // thisObj 对象类名设为 sd01
10               document.getElementById("list"+i).style.display="block";
                 //id 为("list"+i)内容模块显示
11           }
12           else
13           {
14               tabList[i].className="sd02";       // thisObj 对象类名设为 sd02
15               document.getElementById("list"+i).style.display="none";
                 //id 为("list"+i)内容模块隐藏
16           }
17       }
18 }
```

经验指导

1.节点关系

DOM 把文档视为一棵树形结构的树，也称为节点树。节点之间的关系包括上下父子关系、相邻兄弟关系。简单描述如下：

在节点树中，最顶端节点为根节点。

除了根节点之外，每个节点都有一个父节点。

节点可以包含任何数量的子节点。

叶子是没有子节点的节点。

同级节点是拥有相同父节点的节点。

2.访问节点

childNodes 属性返回所有子节点的列表，它是一个随时可变的类数组。

项目总结

通过本项目的学习，学生能够了解 Tab 面板设计思路，掌握访问 DOM 元素相关节点、元素属性和内容的操作、onmouseover 事件的应用，会灵活运用这些方法完成 Tab 面板特效等 JavaScript 应用。

拓展练习

训练：设计“海南旅游网”首页 Tab 面板特效

任务要求：

请结合给出的素材，在“海南旅游网”首页 Tab 面板上，设计制作“海南旅游网”首页中“推荐景点/推荐酒店”模块，效果如图 9-6、图 9-7 所示。

图 9-6　“推荐景点”面板

图 9-7　“推荐酒店”面板

具体要求：

1.“Tab 面板”模块采用<div>标签布局，宽度为 237 像素，高度自适应，溢出部分隐藏。

2.“推荐景点”和“推荐酒店”标题栏目采用<ul>、<li>标签设计，且标题文字设置了空连接，栏目大小为 237 像素×35 像素，背景图像为“tui_bj. jpg”，水平方向重复。

3.设置标题文字链接样式：大小为 112 像素×35 像素，块状显示，文字水平、垂直方向居中，加粗，字符间距为 0.5 个字符，上、下外边距为 0，左、右外边距为 3 像素，鼠标形状为 pointer。

4.用<ul>、<li>标签设计“推荐景点”和“推荐酒店”栏目内容信息。其中景点标题文字“三亚湾人间天堂鸟”“三亚湾天涯海角”“三亚亚龙湾”“三亚蝴蝶谷”用段落<p>标签设计，插入的图像分别是“pic1. gif”“pic12. gif”“hotel1. gif”“hotel2. jpg”。

5.设置栏目内容信息文本居中显示，且为标题文字“三亚湾人间天堂鸟”等设置样式：宽度为 150 像素，圆角为 20 像素，背景线性渐变(颜色从＃F00 至＃F66)，文本水平居中，颜色为＃FFF，行高为 25 像素，上、下外边距为 5 像素。

6.设置内容信息中的图像样式：大小为 150 像素×80 像素，下外边距为 5 像素。

7.初始化显示“推荐景点”栏目面板，面板中标题文本颜色为＃FFF，背景图像为“tui_bjover. jpg”，不重复。当鼠标移至“推荐酒店”上时显示“推荐酒店”面板，“推荐景点”栏目面板隐藏，且标题文本颜色变为＃FFF，背景图像变为“tui_bjover. jpg”。

单元五　综合实训——企业网站设计

单元导读

在掌握了网站设计的基本技能后，我们通过一个企业网站典型页面设计来了解网站建设的整个流程，包括网站需求分析、网站首页的设计、网站新闻列表页的设计和网站新闻内容页的设计。

实训一　策划网站

任务情境

铭阳工程管理有限公司是一个中小企业，企业做网站的目的是通过互联网展示企业商品、服务、招聘、公告、供求等相关信息，使企业与其客户和上下游价值链能够快捷、广泛地进行信息传递和互动。

任务分析

在做网站之前需要了解客户的需求，与企业交流，明确网站的风格及内容，编写需求分析书。

任务实现

一、网站需求分析

随着网络的普及，使用网站在互联网宣传和展示企业信息已经成为企业宣传的重要手段。设计一个良好的企业网站，对于提高企业的知名度、提升企业形象、创造企业网络品牌，使客户更好地了解企业，加强企业与客户的沟通，与潜在客户建立商业联系等方面起到至关重要的作用。

在设计企业网站页面效果时，需要考虑以下几个方面内容：

1. 网站风格

企业网站以展示企业形象，让人详细了解企业的文化、产品或者服务信息为主要目的。所以网站的架构一般表现得比较大气，在版式、图案、色彩上渲染企业文化和产品或服务特色，全面展示企业的优势及风采。企业网站一般都有企业 Logo 再配上宣传企业的 banner 大图像，页面中的文字简洁、图像简单，整体给人一种气势不凡的感觉。

2. 页面的布局

企业网站建设的主要目的是向访问者传递企业信息及推广企业业务，网页布局对用户获取信息有直接影响，其参照原则如下：

(1)将最重要的信息放在首页显著位置，一般包括产品促销信息、新产品信息、企业要闻等。

(2)在页面左上角放置企业 Logo。

(3)为每个页面预留一定的广告位。

(4)在网站首页等主要的页面预留一个合作伙伴链接区。

(5)公司介绍、联系信息、网站地图等网站公共菜单一般放在网页最下方。

(6)站内检索、会员注册/登录等服务放置在右侧或中上方显眼位置。

3. 网站内容

一般来说，企业网站应该包含以下内容：

(1)公司概况

该部分内容是用来介绍企业的详细情况，让客户对企业有个大致的了解，运用现代网络媒体的优势树立品牌和企业形象。该页面一般采用图文混排方式进行展示。

(2)新闻中心

该部分内容一般包括最新资讯、企业新闻等实时信息。通过该部分内容，用户可以及时了解企业的最新动态，掌握企业相关资讯。该页面多采用文字列表方式进行展示。

(3)产品展示

该部分为企业网站重点展示部分，主要包括企业相关产品的介绍、展示。多采用图像列表方式进行展示。

(4)联系我们

该部分内容提供企业的详细地址、联系方式等信息，并提供在线交流工具以方便用户与企业进行沟通交流。

二、网站结构设计

通过以上分析，我们将网站的结构设计成如图 z1 所示。

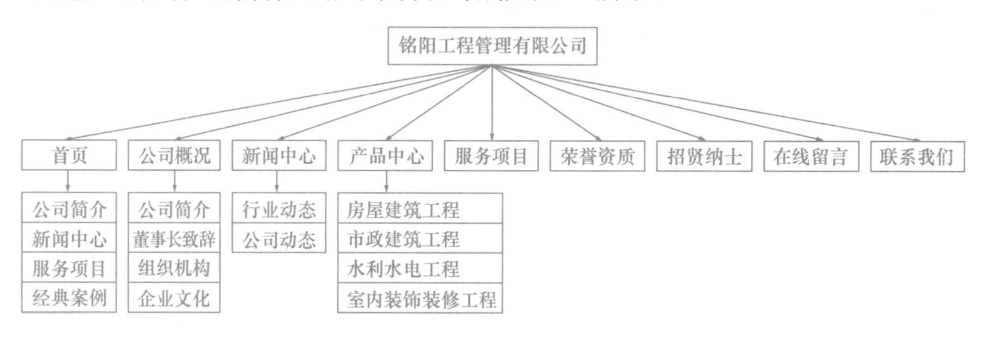

图 z1　铭阳工程管理有限公司网站结构

实训二　设计网站首页

任务情境

铭阳工程管理有限公司网站是一个企业网站，首页主要是以展示企业形象为主，所以Logo、banner 大图像都是必不可少的，再配合一些文字、图像，能够让人详细了解企业的文化、产品或者服务，同时加入部分友情链接实现网站推广，在线交流、微信扫码等沟通工具都能给用户带来良好的用户体验。首页效果如图 z2 所示。

图 z2　铭阳工程管理有限公司首页效果

任务准备

新建一个 myweb 文件夹，在该文件夹下再新建 css、images、js 文件夹，把网站所用到图像全部拷贝到 images 文件夹里。在 HBuilder 中将该文件夹导入，并把项目名称命名为“铭阳工程管理有限公司网站”，在 myweb 文件夹下新建 3 个 HTML 文件，分别保存为 index. html、news. html、newshow. html，在 css 文件夹下新建两个 CSS 文件，分别保存为 global. css 和 index. css，在 js 文件夹下新建一个 js 文件，保存为 index. js。铭阳工程管理有限公司网站项目结构如图 z3 所示。

图 z3　铭阳工程管理有限公司网站项目结构

任务实现

一、在 html 文件中链接 css 文件及 js 文件

打开“index. html”文件，设置网页标题、搜索引擎相关信息，同时将 global. css、index. css 和 index. js 文件都链接到 index. html 页面，代码实现如下：

```
1  <! DOCTYPE html>
2  <head>
3  <title>铭阳工程管理有限公司</title>
4  <meta charset="UTF-8">
5  <meta name="keywords" content="铭阳工程管理有限公司">
6  <meta name="description" content="铭阳工程管理有限公司">
7  <link href="css/global. css" rel="stylesheet" type="text/css"/>
8  <link href="css/index. css" rel="stylesheet" type="text/css"/>
9  <script src="js/index. js" type="text/javascript"></script>
10 </head>
```

在上述代码中，第 4 行代码设置了文档的编码格式，UTF-8 为国际标准编码，第 5 行代码的 keywords 为搜索引擎提供了关键字列表，第 6 行代码的 description 用来告诉搜索引擎该网站的主要内容，第 7 行代码实现了将 global. css 文件链接到 index. html 页面，第 8 行代码实现了将 index. css 文件链接到 index. html 页面，第 9 行代码实现了将 index. js 文件链接到 index. html 页面，其中 global. css 文件用来设计站点的公用样式，index. css 文件用来设计站点的一般样式，index. js 文件用来设计站点的交互特效。

二、HTML5 布局设计

观察效果图，我们可以将整个页面的布局结构分为头部、导航、banner、主体内容、页脚 5 大模块，整体布局设计如图 z4 所示。其中 banner 和主体内容在网页居中显示，所以我们设计一个单独的 div 元素来实现。

图 z4　首页页面布局

代码实现：

```
1 <body>
2 <! --头部-->
3 <header>
4 </header>
5 <! --导航-->
6 <nav>
7 </nav>
8 <! --banner-->
9 <section id="banner">
10 </section>
11 <! --主体内容-->
12 <section>
13 <div class="box">
14 <div id="content">
15 </div>
16 </div>
17 </section>
18 <! --页脚-->
19 <footer>
20 </footer>
21 </body>
```

上述代码中，第13行代码设置了div元素，用于实现网页内容居中显示的效果。

三、公共样式CSS3设计

为了清除各浏览器的默认样式，使得网页在各浏览器中显示的效果一致，在完成页面布局后，首先要做的就是对CSS样式进行初始化并声明一些通用的样式，通用样式的定义可以减少代码冗余。仔细观察首页的各模块，发现各模块文字字体都是“宋体”，大小为“12px”，颜色为“#666”，超链接颜色也是“#666”，没有下划线，鼠标移到超链接上时文字颜色显示为“#BF1E2E”。打开“global.css”文件，编写公共样式，代码如下：

```
1 *{margin:0; padding:0}                          /*清除浏览器默认的外边距和内边距*/
2 img,a,put{border:none}                          /*清除图像、超链接和输入框默认的边框*/
3 ul,ol,li{list-style:none;}                      /*清除列表的列表符号*/
4 a{color:#666; text-decoration:none;}            /*设置超链接样式*/
5 a:hover{color:#BF1E2E;}                         /*设置鼠标移到超链接上时的文字样式*/
6 body{width:100%; font-family:"arial, helvetica, sans-serif,'宋体'";font-size:12px;color:#
  666;line-height:150%; background-color:#FFF;}
7 .box{width:1000px; margin:0 auto;}
8 .fl{float:left;}
```

```
9  .fr{float:right;}
10 .cleardiv{clear:both;}                 /*清除浮动*/
11 .mb10{margin-bottom:10px;}             /*设置下外边距*/
12 .mt10{margin-top:10px;}                /*设置上外边距*/
13 p{ line-height:22px;}                  /*设置行高*/
```

在上述代码中，第 1～5 行代码用来重置浏览器通用样式，第 6～7 行代码设置了网页主体文档样式，第 7 行中的“margin: 0 auto;”实现了类为 box 的元素在网页上居中显示效果，第 8～10 行代码设置了浮动效果。

四、首页各模块详细设计

1. 设计头部

仔细观察首页，我们发现网页头部有一张背景图像并在网页居中显示，头部布局分上(header_top)、左(Logo)、右(tel)三部分。上部分是搜索栏，包含一个文本输入框和搜索图像，左部分包含公司 Logo 图像，右部分包含公司联系电话图像，头部结构分析如图 z5 所示。

图 z5　头部结构分析

代码实现：

(1)HTML 结构部分

打开“index. html”页面，在已完成的布局代码中的 header 部分继续编写 HTML 代码，代码如下：

```
1  <header>
2  <div class="box">
3  <div class="header_top">
4  <! --搜索栏-->
5  <form class="search">
6  <input type="text"/>
7  <input type="submit" value=" " class="btn"/>
8  </form>
9  </div>
10 <div class="logo">
11 <a title="欢迎光临铭阳工程管理有限公司网站" href="#"><img alt="铭阳工程管理有限
   公司" src="images/logo. png"></a>
12 </div>
13 <div class="tel"><img alt="咨询热线" src="images/tel. png"></div>
14 </div>
15 </header>
```

在上述代码中，第 2 行代码设置了一个 class="box"的 div 元素，实现头部内容在网页上居中显示，第 3 行代码设置了一个 div 元素用于布局表单，第 5 行代码设置了一个表单，第 6～7 行代码实现了在表单里添加文本输入框和提交按钮，第 10～12 行代码设置了一个左浮动的 div 元素，用于插入公司 Logo 图像；第 13 行设置了一个右浮动的 div 元素，用于插入电话图像。

保存，预览 index. html 文件，效果如图 z6 所示。

图 z6　index. html 页面头部 HTML 结构设计效果

(2)CSS 表现部分

打开“index. css”文件，编写 CSS 代码来设计头部 HTML 结构部分的显示效果。

代码如下：

```
1  /*-----------------------------------头部样式代码--------------------*/
2  header{width:100%; height:114px; background:url(../images/headerbg.jpg) center no-repeat;}
3  .header_top{width:100%; height:22px; position:relative;}
4  .search{position:absolute; right:25px; bottom:0px;}
5  .search input{height:20px; }
6  .search input:first-child{border-radius:4px 0 0 4px;}
7  .search input:last-child{border-radius:0px 4px 4px 0;}
8  .search .btn{background:url(../images/search.jpg) no-repeat; width:20px;}
9  .logo{float:left; width:600px; padding-top:10px;}
10 .tel{width:400px; float:right; padding-top:30px;}
```

在上述代码中，第 2 行代码根据要显示的背景图像 headerbg. jpg 的大小(1440 像素 * 114 像素)设置了 header 的样式，将其宽度设为 100%，高度为 114 像素，并将 headerbg. jpg 作为背景图像居中显示；第 3 行和第 4 行代码用来设置表单的显示位置，在 class “search”的 div 元素中设置“position:absolute;right:25px; bottom:0px”，在 class “header_top”的 div 元素中设置 position:relative，实现表单相对于其父元素 class“header_top”的 div 元素进行绝对定位的效果；第 6 行代码“input:first-child”用于设计<input/>标签的第一个子元素的样式，实现左边圆角的效果；第 7 行代码“input:last-child”用于设置<input/>标签的最后一个子元素的样式，实现右边圆角的效果；第 8 行代码将 search. jpg 图像作为提交按钮的背景图像实现提交的效果；第 9 行代码用“float:left”实现了 Logo 图像所在的 div 元素左浮动；第 10 行代码用“float:right”实现了电话图像所在的 div 右浮动的效果。

保存，预览“index. html”文件，效果如图 z7 所示。

图 z7　index. html 页面头部设计效果

2. 设计导航

仔细观察首页，我们发现导航背景是由 nav_bg. gif(1 * 70)图像水平方向重复实现的，这张图像上半部分是蓝色，下半部分是灰色，所以在设计导航高度时只要设计成 38 像素即可。导航文字颜色为白色，加粗，居中显示。导航各项目之间还存在 nav_line. gif 图像分割。导航的第一个栏目背景是 nav_hover. gif 图像，当鼠标移动到导航任意栏目上时，该项目背景都会变成 nav_hover. gif 图像。导航结构分析如图 z8 所示。

图 z8　导航结构分析

代码实现：

(1)HTML 结构部分

打开“index. html”页面，在已完成的头部代码下面继续编写 HTML 代码，代码如下：

```
1  <div class="cleardiv"></div>
2  <! --导航 -->
3  <nav>
4  <ul>
5      <li class="currentnav"><a href="index. html">首页</a></li>
6      <li><a href="#">公司概况</a></li>
7      <li><a href="news. html">新闻中心</a></li>
8      <li><a href="#">产品中心</a></li>
9      <li><a href="#">服务项目</a></li>
10     <li><a href="#">荣誉资质</a></li>
11     <li><a href="#">招贤纳士</a></li>
12     <li><a href="#">在线留言</a></li>
13     <li><a href="#">联系我们</a></li>
14 </ul>
15 </nav>
```

在上述代码中，第 1 行代码用来实现清除浮动，以防止头部的浮动对导航的布局产生影响，第 4～14 行代码用于设置导航结构，一般而言，导航结构都由 ul、li 设计完成。

(2)CSS 表现部分

打开“index. css”文件，继续编写 CSS 代码来设计导航 HTML 结构的显示效果。

```
1  /*-----------------------------------导航样式代码-------------------------*/
2  nav {width:100%;height:70px;background:url(../images/nav_bg. gif) #FFF repeat-x left
   top;}
3  nav ul {width:1000px;height:38px;margin:0 auto;}
```

```
4  nav li {width:100px;height:38px;line-height:38px;background:url(../images/nav_line.gif) no-repeat center right;float:left; text-align:center; padding:0 5px; }
5  nav li a {color:#FFF;text-decoration:none;width:100px;height:38px;display:block;font-size:14px;font-weight:bold;}
6  nav li a:hover {background:url(../images/nav_hover.gif) no-repeat;}
7  nav li.currentnav a {background:url(../images/nav_hover.gif) no-repeat; }
```

在上述代码中，第 2 行代码中的“background:url(../images/nav_bg.gif) #FFF repeat-x left top;”设置了导航的背景图像从左上角开始水平方向重复，第 4 行代码中的“background:url(../images/nav_line.gif) no-repeat center right;”设置了分割图像，将该图像作为 li 的背景图像放置在 li 的最右侧中间位置，第 5 行代码设置了超链接文字的显示效果，第 6 行代码设置了鼠标移到超链接文字上时显示 nav_hover.gif 背景图像的效果，第 7 行代码设置了第一个 li 初始化显示 nav_hover.gif 背景图像的效果。

保存，预览 index.html 文件，效果如图 z9 所示。

图 z9　设计完导航的 index.html 页面效果

3. 设计 banner

仔细观察首页，我们发现 banner 实现的是焦点图自动轮播的效果，轮播按钮显示在轮播图像上，当鼠标移到轮播按钮时图像及按钮都停止轮播，并当鼠标单击任意轮播按钮时会显示当前按钮所对应的焦点图像，同时按钮的样式也发生改变；当鼠标从轮播按钮图像上移出时继续执行轮播的效果。例如，当鼠标移到第二个按钮上时图像显示效果如图 z10 所示，结构分析如图 z11 所示。

图 z10　当鼠标移到第二个按钮上时图像上显示的焦点图像的效果

代码实现：

(1)HTML 结构部分

打开“index.html”文件，在已完成的网页布局代码的 banner 部分继续编写 HTML 代码，代码如下：

图 z11 banner 结构分析

```
1  <section id="banner">
2  <! --焦点图轮播-->
3  <ul id="tupian">
4      <li class="current"><a href="#"><img src="images/banner1.jpg"/></a></li>
5      <li><a href="#"><img src="images/banner2.jpg"/></a></li>
6      <li><a href="#"><img src="images/banner3.jpg"/></a></li>
7  </ul>
8  <ul id="anniu">
9      <li class="current"></li>
10     <li></li>
11     <li></li>
12 </ul>
13 </section>
```

在上述代码中，第 3～7 行代码设置了轮播的焦点图像，由于要实现 3 张图像轮播的效果，所以设计了 3 个 li 元素，插入了 3 张焦点图像；第 8～12 行设置了轮播的按钮，同样也是 3 个按钮，class="current"定义了当前焦点图像和按钮的显示效果。

(2)CSS 表现部分

打开“index.css”文件，继续编写 CSS 样式代码来设计 banner 的显示效果。

代码实现：

```
1  /*-----------------------------------banner 样式代码-----------------------------------*/
2  #banner{width:1000px; height:300px; margin:0 auto; position:relative;}
3  #banner #tupian li{display:none;}
4  #banner li{float:left;}
5  #banner li:hover{cursor:pointer;}
6  #banner #tupian li.current {display:block;}
7  #banner #anniu{position:absolute;bottom:5px; left:45%; }
8  #banner #anniu li{width:20px; height:20px; background:url(../images/png24.png)
   no-repeat right bottom;margin-right:5px; }
9  #banner #anniu li:after{content:"";}
10 #banner #anniu li.current{background:url(../images/png24.png) no-repeat -7px bottom;}
```

因为轮播按钮显示在轮播图像上，所以在第 2 行代码中设置了 position:relative 将 #banner 这个父元素进行相对定位，在第 7 行代码中设置了 position:absolute 将 #anniu

这个子元素进行绝对定位，具体的位置是在离＃banner 父元素左侧 45%，离底部 5 像素的地方；第 3 行代码设置将 3 张轮播的焦点图像不显示，第 5 行代码设置了当鼠标移到焦点图像和按钮图像时鼠标会显示形状；第 6 行代码设置当 id="tupian"中的 li 元素应用 current 类时，该 li 元素显示为块状，相应的焦点图像就会显示出来；第 8 行设置轮播按钮的样式，因为 png24. png 图像是一张包含很多小按钮的大图像，所以在设置时采用了背景定位，显示图像最右侧的小圆圈；第 9 行代码设置了列表项 li 元素之后插入内容为空；第 10 行代码设置当 id="anniu"中的 li 元素应用 current 类时，按钮显示背景图像最左侧的小圆圈。

(3)JavaScript 交互部分

打开“index. js”文件，编写 JavaScrip 代码设计 banner 的轮播效果。

代码实现：

```
1  //焦点图轮播
2  window.onload=function()
3  {
4      var img_list=document.getElementById("tupian").getElementsByTagName("li");
       //获取所有轮播的焦点图像
5      var li_list=document.getElementById("anniu").getElementsByTagName("li");
       //获取轮播按钮图像
6      var nowing=0;  //保存当前焦点元素的索引，表示当前的图像编号从 0 开始
7      var mytimer=0;                          //定时器
8      mytimer=window.setInterval(run,2000);   //2 s 自动轮播
9      function run ()
10     {
11         for(i=0;i<img_list.length;i++)
12         {
13             img_list[i].className=" ";      //清空 tupian 下的 li 的样式
14             li_list[i].className=" ";       //清空 anniu 下的 li 的样式
15         }
16         img_list[nowing].className="current";
17         li_list[nowing].className="current";
18         nowing++;
19         if(nowing>=3)
20         {
21             nowing=0;
22         }
23     }
24     for(i=0;i<li_list.length;i++)
25     {
26         li_list[i].onclick=function ()      //鼠标单击事件
27         {
28             for(j=0;j<img_list.length;j++)  //遍历元素
```

```
29          {
30              if(li_list[j]==this)              //将当前索引对应的元素设为显示
31              {
32                  nowing=j;                     //从当前索引位置开始
33                  li_list[j].className="current";
34                  img_list[j].className="current";
35              }
36              else
37              {                                 //清空所有元素样式
38                  li_list[j].className="";
39                  img_list[j].className="";
40              }
41          }
42      }
43      li_list[i].onmouseover=function ()        //鼠标移上事件
44      {
45          clearInterval(mytimer);               //清除定时器
46      }
47      li_list[i].onmouseout=function()          //鼠标移出事件
48      {
49          mytimer=setInterval(run,2000);        //启动定时器,恢复自动切换
50      }
51    }
52 }
```

在上述代码中,第2～23行代码设置了当窗体加载时显示焦点图轮播,第24行代码开始设置鼠标单击事件,第26行代码开始设置当鼠标单击某个按钮图像时显示对应的焦点图像的效果,第28～42行代码设置了如果当前单击的轮播按钮图像的索引与轮播焦点图像索引一致的话,就将当前轮播按钮图像和轮播焦点图像应用current类,显示对应的样式,否则就清空所有样式;第43～46行代码设置了当鼠标移到轮播按钮图像上时用clearInterval()方法清除定时器,关闭自动轮播的效果,第47～50行代码设置当鼠标移出时用setInterval()方法启动定时器,恢复自动轮播的效果。

保存,预览index.html文件,效果如图z12所示。

图z12　banner设计完的index.html页面效果

4. 设计主体内容

仔细观察首页，我们发现主体内容部分与 banner 部分存在 10 像素的距离，主体内容分为上(content)、中(examples)、下(link)三部分，三部分之间同样存在 10 像素的距离，上部分又由左(intro)、中(news)、右(service)三栏组成，左栏是“公司简介”栏目，采用图文混排的方式介绍公司的基本情况，中栏是“新闻”栏目，该栏目包含“公司新闻”和“行业新闻”两个栏目，采用内部 Tab 面板切换不同的新闻栏目内容，右栏是“服务项目”栏目，采用图像列表的形式展示了公司服务项目；中部分是经典案例展示，单击左、右箭头实现图像横向滚动，同时鼠标移到展示的案例图像上时图像出现阴影效果；下部分是友情链接，主体内容部分结构分析如图 z13 所示。

图 z13 主体内容部分结构分析

主体内容部分的设计分三步实现，第一步是上部分(content)的设计，第二步是中部分(经典案例展示 examples)的设计，第三步是下部分(友情链接 link)的设计。

代码实现：

[step01] 上部分(content)的设计

上部分(content)的设计分四步实现，第一步是整体布局设计，第二步是左栏(intro)的设计，第三步是中栏(news)的设计，第四步是右栏(service)的设计。

[step01-01] 整体布局设计

打开“index. html”文件，在 content 部分继续编写 HTML 代码，代码如下：

```
1  <div class="cleardiv mt10"></div>
2  <! --主体内容-->
3  <section>
4  <div class="box">
5  <! --content-->
6  <div id="content">
```

```
7 <! --introduce-->
8 <div class="intro">
9 </div>
10 <! --news-->
11 <div class="news">
12 </div>
13 <! --service-->
14 <div class="service">
15 </div>
16 </…examples…>
17 <div class="examples">
18 </div>
19 </…link…>
20 <div id="link">
21 </div>
22 </div>
23 </div>
24 </section>
```

在上述代码中，第1行代码用于实现主体内容部分与 banner 部分存在10像素的距离效果。

[step01-02] 左栏(intro)的设计

(1)HTML 结构部分

打开"index. html"文件，在 introduce 部分继续编写 HTML 代码，代码如下：

```
1 <div class="intro fl">
2 <h3><a href="#"><img src="images/index_17.jpg"></a></h3>
3 <div class="introcot"><a href="#"><img src="images/about1.jpg"></a>
4 <span>铭阳工程管理有限公司，是安徽省建设监理协会的会员单位，荣获2011年度蚌埠市政府颁发授予的知名中介公司称号以及蚌埠市信用管理协会颁发的"AAA"级信用单位。公司成立于2005年6月17日，注册资本600万元。已通过质量、环境和职称健康安全一体化管理体系认证，是一家具有房屋建筑工程监理、市政公用工程监理、水利水电工程监理、公路工程监理、人防工程监理资质......</span>
5 </div>
6 </div>
```

在上述代码中，第1行代码中的 fl 用于设置该栏目左浮动，第2行代码设置该栏目的标题图像，第3、4行代码设置图文混排的效果。

(2)CSS 表现部分

打开"index. css"文件，继续编写 CSS 代码，来设计左栏(intro)HTML 结构的显示效果，代码如下：

```
1 /*----------------------------------主体内容样式----------------------------------*/
2 . intro{width: 295px; height: 300px; margin: 0 8px 0 0px; border: 1px #C5C5C5 solid; background:url(../images/index_27.jpg) bottom left repeat-x; }
```

```
3  .introcot{padding:10px 10px 0px 10px;height:188px;}
4  .introcot img{float:left; margin-right:5px; padding:5px;border:1px #C5C5C5 solid; }
5  .introcot span{line-height:1.7; text-indent:2em;display;block;}
```

在上述代码中,第 2 行代码实现了背景图像水平方向重复的效果,第 3 行代码实现了图像和文字离栏目边框有一定的距离,第 4 行代码将图像向左浮动,实现了图文混排,第 5 行代码设置了文字的行高和首行缩进 2 个字符。

保存,预览 index.html 文件,效果如图 z14 所示。

图 z14　左栏(intro)设计完成后的 index.html 页面

[step01-03] 中栏(news)的设计

中栏(news)设计采用 Tab 面板切换不同的新闻栏目,当鼠标移到 Tab 面板中的“公司新闻”文字上时,新闻内容区域会显示数据库“新闻列表”中的关于“公司新闻”的新闻标题,当鼠标移到 Tab 面板中的“行业新闻”文字上时,新闻内容区域会显示数据库“新闻列表”中的关于“行业新闻”的新闻标题;如果新闻里面有图像,那么该新闻将以图文混排形式显示在新闻区域的最上方,结构分析如图 z15 所示。

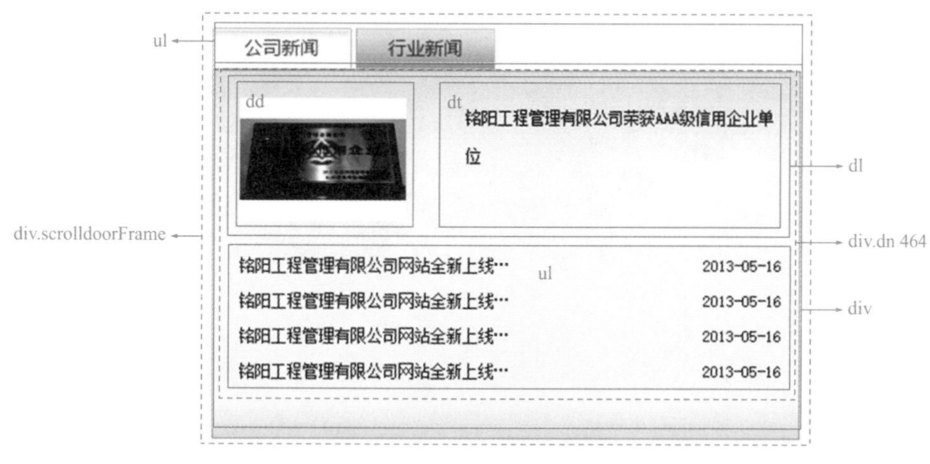

图 z15　中栏(news)的结构分析

(1)HTML结构部分

打开“index.html”文件,在news部分继续编写HTML代码,代码如下:

```
1 <div class="news fl">
2 <div class="scrolldoorFrame">
3 <! --栏目标题-->
4 <ul class="scrollUl" id="myTab1">
5 <li onmouseover="nTabs(this,0)" class="sd02" value="0"><a style="color:#3386EE"
  href="news.html">公司新闻</a></li>
6 <li onmouseover="nTabs(this,1)" class="sd01" value="1"><a style="color:#3386EE"
  href="news.html">行业新闻</a></li>
7 </ul>
8 <! --新闻列表-->
9 <div class="bor03 cont">
10 <div style="display:none" id="list0">
11 <div class="dn464">
12 <dl class="headlines">
13 <dd class="fl head-img"><img class="img" src="images/thumb189.jpg" width="125"
   height="90"></dd>
14 <dt class="fr"><a href="#" target="_blank">铭阳工程管理有限公司荣获AAA级信用
   企业单位</a></dt>
15 </dl>
16 <div class="cleardiv"></div>
17 <ul>
18 <li><span>2013-05-16</span><a title="铭阳工程管理有限公司网站全新上线" href="#">
   铭阳工程管理有限公司网站全新上线…</a></li>
19 <li><span>2013-05-16</span><a title="铭阳工程管理有限公司网站全新上线" href="#">
   铭阳工程管理有限公司网站全新上线…</a></li>
20 <li><span>2013-05-16</span><a title="铭阳工程管理有限公司网站全新上线" href="#">
   铭阳工程管理有限公司网站全新上线…</a></li>
21 <li><span>2013-05-16</span><a title="铭阳工程管理有限公司网站全新上线" href="#">
   铭阳工程管理有限公司网站全新上线…</a></li>
22 </ul>
23 </div>
24 </div>
25 <div style="display:block" id="list1" class="hidden">
26 <div class="dn464">
27 <dl class="headlines">
28 <dd class="fl head-img"><img class="img" src="images/thumb212.jpg" width="125"
   height="90"></dd>
29 <dt class="fr"><a href="#" target="_blank">2013年全国建设工程优秀项目管理成果编
   写申报研修班在南昌举办</a></dt>
```

```
30 </dl>
31 <div class="cleardiv"></div>
32 <ul>
33 <li><span>2013-05-31</span><a title="中华人民共和国城乡规划法" href="#">中华人
   民共和国城乡规划法</a></li>
34 <li><span>2013-05-31</span><a title="中华人民共和国城乡规划法" href="#">中华人
   民共和国城乡规划法</a></li>
35 <li><span>2013-05-31</span><a title="中华人民共和国城乡规划法" href="#">中华人
   民共和国城乡规划法</a></li>
36 <li><span>2013-05-31</span><a title="中华人民共和国城乡规划法" href="#">中华人
   民共和国城乡规划法</a></li>
37 </ul>
38 </div>
39 </div>
40 </div>
41 </div>
42 </div>
```

在上述代码中，第4～7行代码设置了新闻栏目的栏目标题（公司新闻/行业新闻），第5～6行代码设置了当鼠标移到li元素上时调用了nTabs()函数，该函数带实参传递，实现显示/隐藏对应新闻内容列表的效果，第9～41行代码设置了具体的新闻内容，以列表形式展示，第27～30行代码用<dl>标签设置了一个新闻列表，<dt>标签设置了列表中的内容（新闻标题），<dd>标签设置了列表中的内容（图像）。

(2)CSS表现部分

打开“index.css”文件，在“主体内容样式”下面继续编写CSS代码，来设计中栏(news)HTML结构的显示效果，代码如下：

```
1  .news{overflow:hidden; width:445px;}
2  .cont{padding:10px; border:1px #BBB solid; background:url(../images/index_27.jpg)
   bottom left repeat-x; height:250px;}
3  .scrolldoorFrame{width:445px;margin:0px auto;overflow:hidden;}
4  .scrollUI{width:445px;overflow:hidden;height:31px; border-bottom:1px #BBB solid;}
5  .scrollUI li{float:left;}
6  .bor03{border-top-width:0px;}
7  .sd01{cursor:pointer; width:105px; text-align:center; margin-right:3px;background:url(../
   images/mww_13.jpg);color:#3386EE; height:30px; padding-top:5px;font:normal 14px "
   Microsoft YaHei";}
8  .sd02{cursor:pointer; width:105px; text-align:center; margin-right:3px;color:#3386EE;
   background:url(../images/mww_15.jpg);height:30px;padding-top:5px;font:normal 14px "
   Microsoft YaHei";}
9  .dn464{padding:10px 10px 0px 10px;height:188px;}
10 .dn464 ul{width:410px; margin:0 auto;}
```

```
11 .dn464 ul li{height:26px;line-height:26px;}
12 .dn464 ul li span{float:right;}
13 .headlines{width:410px;height:90px;padding-bottom:20px;}
14 .headlines dd.head_img{width:118px;height:90px;}
15 .headlines dt{width:240px;height:28px;
   font:bold 13px;color:#BF1E2E;text-align:left;line-height:28px;}
16 .headlines dt a{color:#BF1E2E;}
17 .headlines dt a:hover{text-decoration:underline;}
```

在上述代码中，第 7 行代码设置了处于当前显示状态的标题栏目的样式 sd01，第 8 行代码设置了不在当前显示状态的标题栏目的样式 sd02。

(3)JavaScript 交互部分

打开“index.js”文件，编写 JavaScript 代码，代码如下：

```
1  //Tab 面板
2  function nTabs(thisObj,Num)
3  {
4      if(thisObj.className=="sd01")return;
5      vartabObj=thisObj.parentNode.id;
6      vartabList=document.getElementById(tabObj).getElementsByTagName("li");
7      for(i=0; i <tabList.length; i++)
8      {
9          if (i==Num)
10         {
11             thisObj.className="sd01";
12             document.getElementById("list"+i).style.display="block";
13         }
14         else
15         {
16             tabList[i].className="sd02";
17             document.getElementById("list"+i).style.display="none";
18         }
19     }
20 }
```

在上述代码中，第 2 行代码设置了 nTab(thisObj,Num)有两个形参，在 HTML 结构代码中会有相应的参数(0 或 1)传递到 Num 中，根据该实参判断显示哪个栏目的新闻内容。

保存，预览 index.html 文件，效果如图 z16 所示。

[step01-04] 右栏(service)的设计

右栏(service)的设计主要是图像的排版设计。

(1)HTML 结构部分

打开“index.html”文件，继续在 service 部分编写 HTML 代码，代码如下：

图 z16　中栏(news)设计完成后的 index. html 页面效果

```
1  <div class="service fl">
2  <h1><a href="#"><img src="images/index_23.jpg"></a></h1>
3  <ul>
4      <li><a href="#"><img src="images/gcjl.jpg"></a></li>
5      <li><a href="#"><img src="images/zbdl.jpg"></a></li>
6      <li><a href="#"><img src="images/zjzx.jpg"></a></li>
7      <li><a href="#"><img src="images/xmdj.jpg"></a></li>
8  </ul>
9  </div>
```

在上述代码中，第 2 行代码设置了“服务项目”标题图像，第 3～8 行代码设置了 4 张图像纵向展示。

(2)CSS 表现部分

打开“index. css”文件，在“主体内容样式”下面继续编写 CSS 代码来设计右栏(service)HTML 结构的显示效果，代码如下：

```
1  .service{width:236px; height:300px; margin-left:12px; border:1px #C5C5C5 solid;
   background:url(../images/index_27.jpg) bottom left repeat-x;}
2  .service ul li{margin:2px 6px;}
```

在上述代码中，第 1 行代码中的“margin-left:12px;”设置了右栏与中栏的距离，第 2 行代码设置了图像与 li 元素的距离。

保存，预览 index. html 文件，效果如图 z17 所示。

[step02] 中间部分(examples)的设计

仔细观察首页，我们发现中间部分的“经典案例”主要涉及图像滚动特效设计，单击左、右箭头实现图像横向无缝滚动效果，同时鼠标移到展示的案例图像上时图像出现阴影效果，结构分析如图 z18 所示。

图 z17 右栏(service)的设计完成后的 index. html 页面效果

图 z18 中间部分(examples)的结构分析

代码实现：

(1)HTML 结构部分

打开“index. html”文件，在 examples 部分继续编写 HTML 代码，代码如下：

```
1 <div class="cleardiv mb10"></div>
2 <div class="examples">
3 <div><img src="images/ydd_51.jpg" href="#"></div>
4 <div id="demo">
5 <span class="leftarrow"></span>
6 <span class="rightarrow"></span>
7 <div id="demout">
8 <div id="indemo">
9 <div id="demo1">
10 <ul class="piclist">
11     <li><a href="#"><img src="images/thumb_239.jpg" alt="尖山桥工程"></a><p>
       尖山桥工程</p></li>
12     <li><a href="#"><img src="images/thumb_245.jpg" alt="干览商会大厦"></a>
       <p>干览商会大厦</p></li>
```

```
13      <li><a href="#"><img src="images/thumb_241.jpg" alt="春风幼儿园"><p>春
        风幼儿园</p></a></li>
14      <li><a href="#"><img src="images/thumb_242.jpg" alt="商贸中心"><p>商贸
        中心</p></a></li>
15      <li><a href="#"><img src="images/thumb_243.jpg" alt="云都.美浓小镇"></a>
        <p>云都.美浓小镇</p></li>
16 </ul>
17 <ul class="piclist">
18      <li><a href="#"><img src="images/thumb_261.jpg" alt="河道整治工程"></a>
        <p>河道整治工程</p></li>
19      <li><a href="#"><img src="images/thumb_260.jpg" alt="水利工程"></a><p>水
        利工程</p></li>
20      <li><a href="#"><img src="images/thumb_259.jpg" alt="道桥工程"></a><p>道
        桥工程</p></li>
21      <li><a href="#"><img src="images/thumb_254.jpg" alt="尖山桥工程"></a>
        <p>尖山桥工程</p></li>
22      <li><a href="#"><img src="images/thumb_253.jpg" alt="河道整治工程"></a>
        <p>河道整治工程</p></li>
23 </ul>
24 </div>
25 <div id="demo2"></div>
26 </div>
27 </div>
28 </div>
29 </div>
```

在上述代码中，第1行代码用于设置清除浮动并实现离上部分10像素的距离效果，第5、6行代码分别设置了左箭头、右箭头，第7～27行代码设计横向滚动的图像。

(2)CSS表现部分

打开“index.css”文件，在“主体内容样式”下面继续编写CSS代码来设计中间部分(examples)HTML结构显示效果，代码如下：

```
1  #demo{width:100%;position:relative; height:159px;background:url(../images/ydd_52.
   jpg) no-repeat; padding:15px 0px 5px 20px; }
2  #demout{width:970px; overflow:hidden;}
3  #indemo{float:left; width:800%; }
4  #demo1 {float:left; }
5  #demo2 {float:left; }
6  .piclist{float:left; }
7  .piclist li{float:left;padding:5px; background:#FFF;}
8  .piclist img{width:176px;}
9  .piclist p{text-align:center;}
```

```
10 .piclist li a:hover,.piclist li img:hover{box-shadow:1px 4px 4px 1px rgba(0,0,0,0.5);}
11 #demo span{width:45px; height:45px; background:url(../images/png24.png) no-repeat;
   display:block;}
12 #demo span.leftarrow{position:absolute;left:0; top:50px; }
13 #demo span.rightarrow{background-position:0 -45px; position:absolute;left:976px;top:
   50px; }
```

在上述代码中，第 2 行代码设置了图像滚动的范围，第 3 行代码设置了一个足够大的范围，这样无论有多少组图像都能容纳，第 4～7 行代码设置了左浮动，这样图像就能在一行显示，第 10 行代码设置了当鼠标移到“经典案例”中的图像上时图像出现盒阴影(box-shadow)效果，第 11 行代码设置了一张背景图像，该图像上有左箭头和右箭头，第 12 行代码用背景定位显示了背景图像上的左箭头，第 13 行同理显示了背景图像上的右箭头。

(3)JavaScript 交互部分

打开“index.js”文件，在 window.onload 里继续编写 JavaScript 代码，代码如下：

```
1  var lefarr=document.getElementById('demo').getElementsByTagName('span')[0];
   //获取左箭头
2  var righarr=document.getElementById('demo').getElementsByTagName('span')[1];
   //获取右箭头
3  var myul=document.getElementsByTagName('ul')[0];//获取第一组图像
4  var tab=document.getElementById("demout");
5  var tab1=document.getElementById("demo1");
6  var tab2=document.getElementById("demo2");
7  tab2.innerHTML=tab1.innerHTML;
8  lefarr.onclick=function()
9  {
10     tab.scrollLeft+=myul.offsetWidth+52;/* scrollLeft:设置获取位于对象左边界和窗口
       中目前可见内容的最左端的距离,offsetwidth:元素相对父元素的偏移宽度 */
11     if(tab2.offsetWidth-tab.scrollLeft<=0)
12     tab.scrollLeft-=tab1.offsetWidth;
13 }
14 righarr.onclick=function()
15 {
16     tab.scrollLeft+=myul.offsetWidth+52;
17     if(tab2.offsetWidth-tab.scrollLeft<=0)
18     tab.scrollLeft-=tab1.offsetWidth;
19 }
```

在上述代码中，第 7 行代码表示将 tab1 的内容复制给了 tab2，第 8～13 行代码设置了单击左箭头时图像无缝滚动，其中第 10 行代码中的“tab.scrollLeft”指的是滚动的距离，“myul.offsetWidth”取的是第一组图像的宽度，52 是箭头的宽度，第 11～12 行代码用于判断当 tab2 的宽度与滚动距离之差小于或等于零时，图像滚动。

【 **step03** 】 下部分(link)的设计

仔细观察首页,我们发现下面部分的“友情链接”也是图像排版设计,直接显示4张图像即可,结构分析如图z19所示。

图z19　下部分(link)的结构分析

代码实现:

(1)HTML结构部分

打开“index.html”文件,在link部分继续编写HTML代码,代码如下:

```
1  <div class="cleardiv mt10"></div>
2  <div id="link">
3  <ul>
4  <li><a href=http://www.mohurd.gov.cn/ target="_blank">
5  <img src="images/link1.jpg"></a>
6  </li>
7  <li><a href="http://www.zgjsjl.org.cn/" target="_blank">
8  <img src="images/link2.jpg"></a>
9  </li>
10 <li><a href="http://www.ahjst.gov.cn" target="_blank">
11 <img src="images/link3.jpg"></a>
12 </li>
13 <li><a href="http://www.ahjlxh.org/" target="_blank">
14 <img src="images/link4.jpg"></a>
15 </li>
16 <li><a href="http://www.bbjgj.com/" target="_blank">
17 <img src="images/link5.jpg"></a>
18 </li>
19 </ul>
20 </div>
21 </div>
```

在上述代码中,第1行设置了清除浮动并实现离上部分10像素的距离效果,第3~20行设置了图像横排效果。

(2)CSS表现部分

打开“index.css”文件,在“主体内容样式”下面继续编写CSS代码,来设计下部分(link)HTML结构显示效果,代码如下:

```
1  #link{width:100%; height:88px; background:url(../images/link_54.jpg) no-repeat; }
2  #link ul {margin-left:40px;}
```

```
3  #link ul li{float:left; height:88px; margin:15px 5px;}
4  #link img{width:180px; height:58px;}
```

在上述代码中，第 1 行代码设置“友情链接”的背景图像，第 2 行代码设置 ul 元素与背景图像左侧的距离，第 3 行代码设置让 li 元素浮动，实现图像横向排列，并设置 li 元素与背景存在距离，第 4 行代码设置插入的图像大小。

5. 设计页脚

仔细观察首页，我们发现页脚部分包含了一个底部导航和版权说明部分，结构分析如图 z20 所示。

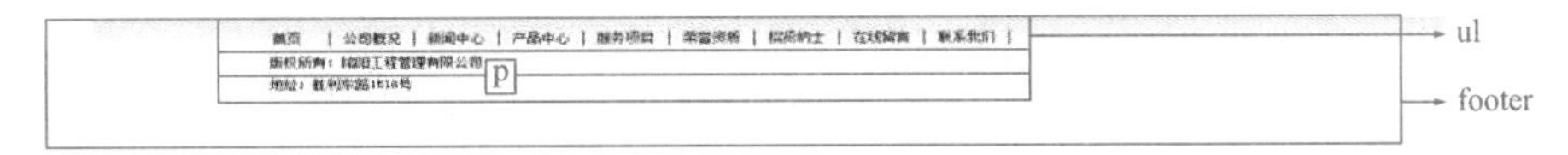

图 z20　页脚部分结构分析

代码实现：

(1)HTML 结构部分

打开“index. html”文件，在已完成的网页布局代码的页脚部分继续编写 HTML 代码，代码如下：

```
1  <div class="cleardiv"></div>
2  <footer>
3  <div class="box">
4  <ul>
5  <li><a href="index.html">首页</a></li>
6  <li><a href="#">公司概况</a></li>
7  <li><a href="news.html">新闻中心</a></li>
8  <li><a href="#">产品中心</a></li>
9  <li><a href="#">服务项目</a></li>
10 <li><a href="#">荣誉资质</a></li>
11 <li><a href="#">招贤纳士</a></li>
12 <li><a href="#">在线留言</a></li>
13 <li><a href="#">联系我们</a></li>
14 </ul>
15 <div class="cleardiv mt10"></div>
16 <p>版权所有:铭阳工程管理有限公司</p>
17 <p>地址:胜利东路 1516 号</p>
18 </div>
19 </footer>
```

在上述代码中，第 3 行代码设置网页居中显示的效果，第 4～14 行代码设置底部导航，因为导航中的 li 元素设置了浮动，所以第 15 行代码用于清除浮动并设置上外边距，第 16～17行代码设置版权内容。

(2)CSS 表现部分

打开“index. css”文件，继续编写 CSS 代码来设计页脚 HTML 结构部分的显示效果，代码如下：

```
1  footer{width:100%; height:96px; background:url(../images/foot_bg.jpg);}
2  footer p{margin-left:20px;}
3  footer ul{padding-bottom:20px;}
4  footer ul li{float:left; margin-top:10px; width:70px; text-align:center; border-right:1px solid
   #666; height:15px; line-height:15px;}
```

在上述代码中，第1行代码设置页脚的背景图像，第4行代码中的“border-right:1px solid #666;”用于设置在li元素的最右侧出现竖线的效果，“height:15px; line-height:15px;”用于设置垂直方向居中对齐的效果。

6.右侧悬浮菜单

右侧悬浮菜单由“在线客服”“官方微信”“客服电话”3部分组成，每部分设置不同的背景图像，鼠标单击“在线客服”时会自动弹出QQ聊天对话框，鼠标移到“官方微信”时会在其左侧出现网站二维码图像，移到“客服电话”时在其左侧会出现联系电话。

(1)HTML结构部分

打开“index.html”页面，继续编写HTML代码，代码如下：

```
1  <aside>
2  <div id="izl_rmenu" class="izl-rmenu">
3  <a href="http://wpa.qq.com/msgrd? v=3&uin=qq号&site=qq&menu=yes" class="btn
   btn-qq"></a>
4  <div class="btn btn-wx">
5    <img class="pic" src="images/weixin.jpg" alt="微信扫码">
6    </div>
7  <div class="btn btn-phone">
8    <div class="phone">010-222777</div>
9  </div>
10 </div>
11 </aside>
```

在上述代码中，第2行代码设置了右侧悬浮菜单，第3行代码设置的“在线客服”栏目，单击“企鹅”图标或“在线客服”文字，弹出对话框，在“qq号”里填上客服的QQ号码即可在线聊天，第5行代码设置“官方微信”栏目，第8行代码设置“客服电话”栏目。

(2)CSS表现部分

打开“index.css”文件，继续编写CSS代码，来设计悬浮菜单HTML结构部分显示效果，代码如下：

```
1  .izl-rmenu{position:fixed; right:10px; bottom:10px; background:url(../images/r_b.png)
   no-repeat; z-index:999; }          /*将悬浮菜单固定在右侧*/
2  .izl-rmenu .btn{width:72px; height:73px; margin-bottom:1px; cursor:pointer; position:
   relative;}
3  .izl-rmenu .btn-qq{background:url(../images/r_qq.png) no-repeat; background-color:
   #6DA9DE;}        /*将背景设置为QQ图像*/
```

```
4  .izl-rmenu .btn-qq:hover{background-color:#488BC7;}
5  .izl-rmenu a.btn-qq,.izl-rmenu a.btn-qq:visited{background:url(../images/r_qq.png)
   no-repeat; background-color:#6DA9DE; text-decoration:none; display:block;}
6  .izl-rmenu .btn-wx{background:url(../images/r_wx.png) no-repeat; background-color:
   #78C340;}     /*将背景设置为微信图像*/
7  .izl-rmenu .btn-wx:hover{background-color:#58A81C;}
8  .izl-rmenu .btn-wx .pic{position:absolute; right:75px; top:0px; display:none;width:160px;
   height:160px;}
9  .izl-rmenu .btn-wx:hover .pic{display:block;}
10 .izl-rmenu .btn-phone{background:url(../images/r_phone.png) no-repeat; background-color:
   #FBB01F;}     /*将背景设置为电话图像*/
11 .izl-rmenu .btn-phone:hover{background-color:#FF811B;}
12 .izl-rmenu .btn-phone .phone{background-color:#FF811B; position:absolute; width:160px;
   right:75px; top:0px; line-height:73px; color:#FFF; font-size:18px; text-align:center;
   display:none;}
13 .izl-rmenu .btn-phone:hover .phone{display:block;}
```

在上述代码中，第 1 行代码采用固定布局将悬浮菜单固定在右侧，第 7 行代码设置当鼠标移到“官方微信”上背景颜色变换，第 8 行代码设置“官方微信”图像刚开始不出现，第 9 行代码设置鼠标移到“官方微信”栏目，出现相应的“微信扫码”图像，第 10～13 行代码设置了同样效果的“客服电话”栏目。

实训三 设计新闻列表页

任务情境

新闻列表页用来显示所有发布过的新闻，包括新闻标题和日期，效果如图 z21 所示。

任务准备

用 HBuilder 软件打开站点文件夹下的“news.html”文件。

任务实现

仔细观察新闻列表页效果图，我们发现该页面的头部、导航、banner 和页脚模块与主页一致，主体内容模块分左侧导航栏(side-nav)和右侧内容栏(page-content)两部分，左侧导航栏又分为上部分和下部分，上部分是导航栏，包括导航标题(side-title)和导航内容，下部分是“联系我们”模块(contact)，右侧内容栏包括栏目名称及所在位置(location)、新闻内容(list_Public)、分页模块(pagelist)，当鼠标移到每一条新闻标题文字上时，文字会显示为红色，结构分析如图 z22 所示。

图 z21　新闻列表页效果

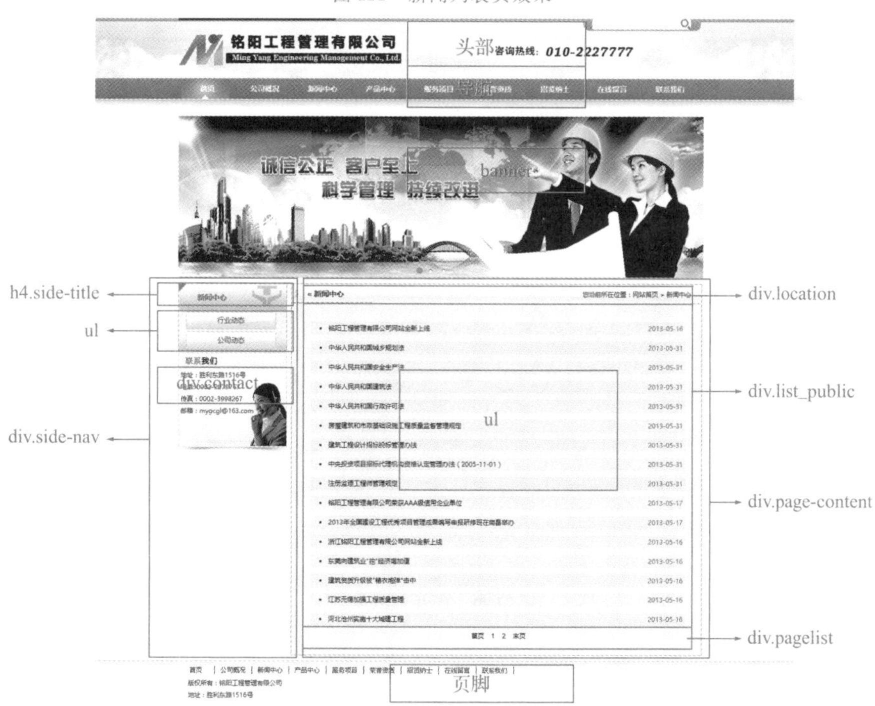

图 z22　新闻列表页结构分析

代码实现：

该页面分两步设计实现，第一步是头部、导航、banner 及页脚模块的设计，第二步是主体内容模块设计。

[step01] 头部、导航、banner 及页脚模块的设计

打开“index. html”及“news. html”文件，把 index. html 中除了主体内容模块代码之外的代码复制到 news. html，保存，效果如图 z23 所示。

图 z23　头部、导航、banner 及页脚模块的设计

[step02] 主体内容模块的设计

主体内容模块设计分三步实现，第一步是结构的设计，第二步是左侧导航栏（side-nav）的设计，第三步是右侧内容栏（page-content）的设计。

[step02-01] 结构设计

（1）HTML 结构部分

打开“news. html”文件，在 content 区域继续编写代码，代码如下：

```
1  <! --主体内容-->
2  <div class="cleardiv mt10"></div>
3  <div class="box">
4  <! --side-nav -->
5  <aside class="fl side-nav">
6  </aside>
7  <! --page-content-->
8  <section class="fl page-content">
9  </section>
10 </div>
```

在上述代码中，第 5～6 行代码设置左侧导航栏，第 8～9 行代码设置右侧内容栏。

（2）CSS 表现部分

打开“index. css”文件，继续编写 CSS 代码，代码如下：

```
1  /＊side-nav＊/
2  .side-nav{width:206px; }
```

```
3  /* page-content */
4  .page-content{width:780px; margin-left:10px; border:#CCC 1px solid;}
```

上述代码分别设置了左栏宽度、右栏宽度及边框样式。

保存，预览 news.html 文件，效果如图 z24 所示。

图 z24　结构设计完成后的网页

[step02-02]　左侧导航栏(side-nav)的设计

仔细观察新闻列表页效果图，我们发现该页面的左侧导航栏分两个模块，“新闻中心”导航模块和“联系我们”模块。“新闻中心”导航模块用项目列表实现，“联系我们”模块用段落文字实现。

代码实现：

(1)HTML 结构部分

打开“news.html”文件，在 side-nav 区域继续编写代码，代码如下：

```
1  <div class="nyleft">
2  <h4 class="side-title">新闻中心</h4>
3  <ul>
4      <li><a href="news.html" title="行业动态">行业动态</a></li>
5      <li><a href="news.html" title="公司动态">公司动态</a></li>
6  </ul>
7  </div>
8  <div class="contact">
9  <div class="contfont">
10 <p>地址:胜利东路 1516 号</p>
11 <p>电话:0002-2079767</p>
12 <p>传真:0002-3998267</p>
13 <p>邮箱:mygcgl@163.com</p>
14 </div>
15 </div>
```

在上述代码中，第 3～6 行代码设置了“新闻中心”导航内容，第 9～14 行代码设置了

“联系我们”模块内容。

(2)CSS 表现部分

打开“index.css”文件，继续编写 CSS 代码，代码如下：

```
1 .nyleft{width:100%; border:1px #CCC  solid; background:url(../images/index_27.jpg) bottom left repeat-x;}
2 .side-title{height:50px;background:url(../images/left_03.jpg) right bottom;font:bold 14px "Microsoft YaHei";color:#1196DF;line-height:50px;text-indent:36px;}
3 .side-nav ul li{height:36px; width:200px; background:url(../images/left_12.jpg) center no-repeat;text-align:center;line-height:36px;font:13px "Microsoft YaHei";color:#A5A5A5;margin-bottom:1px;}
4 .side-nav ul li a{display:block;width:200px;height:36px;display:block;line-height:36px;}
5 .side-nav ul li a:hover{display:block;width:200px;height:36px; background:url(../images/left_09.jpg) center no-repeat;color:#FFF;}
6 .contact{width:208px; height:187px;background:url(../images/left_15.jpg) no-repeat;margin-top:3px;}
7 .contfont{width:200px;color:#666; font-size:12px; height:25px;line-height:25px; padding-top:30px; padding-left:5px;}
```

在上述代码中，第 1 行代码设置了导航栏的背景图像，第 2 行代码设置“新闻中心”的背景图像，第 3～5 行代码美化导航内容，第 6 行代码设置“联系我们”模块的背景图像，第 7 行代码美化该模块内容。

保存，预览，news.html 文件效果如图 z25 所示。

图 z25　左侧导航栏设计完成后的网页

[step02-03]　右侧内容栏(page-content)的设计

右侧内容栏用<div>标签布局栏目名称及所在位置(location)模块，用<div>标签布局新闻(list_Public)模块、用<ul>标签布局“新闻列表”模块、用<div>标签布局“分页”模块(pagelist),设置鼠标移到每一条新闻列表上时 li:hover 或者 a:hover,文字会显示为红色的效果。

(1)HTML 结构部分

打开“news.html”文件,继续在 page-content 区域编写 HTML 代码,代码如下:

```
1  <div class="location">
2  <h2>&#171;新闻中心</h2>
3  <span class="fr weizhi">您当前所在位置:网站首页 &gt; 新闻中心</span>
4  </div>
5  <div class="content">
6  <div class="list_Public">
7  <ul>
8      <li><span>2013-05-16</span><a href="#">铭阳工程管理有限公司网站全新上线</a></li>
9      <li><span>2013-05-16</span><a href="#">铭阳工程管理有限公司网站全新上线</a></li>
10     <li><span>2013-05-16</span><a href="#">铭阳工程管理有限公司网站全新上线</a></li>
11     <li><span>2013-05-16</span><a href="#">铭阳工程管理有限公司网站全新上线</a></li>
12     <li><span>2013-05-31</span><a href="#">中华人民共和国城乡规划法</a></li>
13     <li><span>2013-05-31</span><a href="#">中华人民共和国安全生产法</a></li>
14     <li><span>2013-05-31</span><a href="#">中华人民共和国建筑法</a></li>
15     <li><span>2013-05-31</span><a href="#">中华人民共和国行政许可法</a></li>
16     <li><span>2013-05-31</span><a href="#">房屋建筑和市政基础设施工程质量监督管理规定</a></li>
17     <li><span>2013-05-31</span><a href="#">建筑工程设计招标投标管理办法</a></li>
18     <li><span>2013-05-31</span><a href="#">中央投资项目招标代理机构资格认定管理办法(2005-11-01)</a></li>
19     <li><span>2013-05-31</span><a href="#">注册监理工程师管理规定</a>
20     </li>
21     <li><span>2013-05-17</span><a href="#">浙江铭阳工程管理有限公司荣获AAA级信用企业单位</a></li>
22     <li><span>2013-05-17</span><a href="#">2013年全国建设工程优秀项目管理成果编写申报研修班在南昌举办</a></li>
23     <li><span>2013-05-16</span><a href="#">浙江铭阳工程管理有限公司网站全新上线</a></li>
```

```
24        <li><span>2013-05-16</span><a href="#">东莞向建筑业"挖"经济增加值</a>
          </li>
25        <li><span>2013-05-16</span><a href="#">建筑资质升级被"糖衣炮弹"击中</a>
          </li>
26        <li><span>2013-05-16</span><a href="#">江苏无锡加强工程质量管理</a>
          </li>
27        <li><span>2013-05-16</span><a href="#">河北沧州实施十大城建工程</a>
          </li>
28 </ul>
29 <div class="cleardiv"></div>
30 <div class="pagelist">
31 <a href="#">首页</a>
32 <a href="#" class="hover">1</a>
33 <a href="#" class="hover">2</a>
34 <a href="#">末页</a>
35 </div>
36 </div>
37 </div>
```

在上述代码中，第 2 行代码中的“«”是“《”的 HTML 编码，第 3 行代码中的“>”是“>”的 HTML 编码，第 7～28 行代码设置了“新闻列表”模块，第 30～35 行代码设置了“分页”模块。

(2)CSS 表现部分

打开“index.css”文件，继续编写 CSS 代码，代码如下：

```
1  .weizhi{color:#666}
2  .location{height:36px; background:url(../images/bread_title.jpg) no-repeat; line-height:
   36px;}
3  .location h2{font:bold 14px "Microsoft YaHei"; text-indent:30px; float:left; line-height:
   36px;}
4  .location span{float:right; padding-right:20px;}
5  .content{padding:20px;line-height:2.4;color:#333;background-color:#F4F4F4;font:12px "
   Microsoft YaHei";}
6  .list_Public {margin:13px 10px 8px 16px; line-height:1.4; }
7  .list_Public li {border:#F6F6F6 1px solid; padding-right:5px; padding-left:16px;
   background:#F0F0F0;margin-bottom:9px;color:#3D3A3A; line-height:25px;}
8  .list_Public a {color:#3D3A3A;}
9  .list_Public a:hover {color:#ff6600;}
10 .list_Public span {float:right; color:#909090;}
11 .pagelist{text-align:center; }
12 .pagelista{margin:0 5px;}
```

在上述代码中，第 2 行代码设置了内容栏“栏目名称及所在位置”的背景图像，第 10 行代码设置了新闻列表中日期在标题右侧效果，第 11～12 行代码美化了“分页模块”。

实训四　设计新闻内容页

任务情境

新闻内容页主要展示新闻的标题、发布的时间及详细的新闻内容，效果如图 z26 所示。

图 z26　新闻内容页设计

任务准备

用 HBuilder 软件打开站点文件夹下的“newshow. html”文件。

任务实现

仔细观察新闻内容页效果图，我们发现该页面的头部、导航、banner、页脚、左侧导航栏模块与新闻列表页（news. html）一致，右侧内容栏模块包括栏目名称及所在位置（location）、新闻内容（list_Public）模块。

代码实现：

该页面代码分两步设计实现，第一步是头部、导航、banner、页脚及左侧导航栏模块的设计，第二步是右侧内容栏模块设计。

[step01] 头部、导航、banner、页脚及左侧导航栏模块的设计

打开“news.html”及“newshow.html”文件，把 news.html 中除了右侧内容模块代码之外的代码复制到 newshow.html，保存，预览，效果如图 z27 所示。

图 z27 头部、导航、banner、页脚及左侧导航栏模块完成的效果

[step02] 右侧内容栏(page-content)的设计

右侧内容栏用<div>标签布局栏目名称及所在位置(location)模块，用<div>标签布局新闻(list_Public)模块、用<h4>标签布局新闻标题模块、用<p>标签布局新闻内容模块。

(1)HTML 结构部分

打开“newshow.html”文件，继续在 page-content 区域编写 HTML 代码，代码如下：

```
1  <!--page-content-->
2  <div class="fl page-content">
3  <div class="location">
4  <h2>&#171;行业动态</h2>
5  <span class="fr weizhi">您当前所在位置：网站首页 &gt; 行业动态</span>
6  </div>
7  <div class="content">
8  <div class="list_Public">
9  <h4 class="wbt_title">房屋建筑和市政基础设施工程质量监督管理规定</h4>
10 <p class="wbt_time">发布时间：2013-05-31  </p>
```

```
11 <p>《房屋建筑和市政基础设施工程质量监督管理规定》已经第 58 次住房和城乡建设部常务
   会议审议通过，现予发布，自 2010 年 9 月 1 日起施行。</p>
12 代码省略……
13 </div>
14 </div>
15 </div>
```

(2)CSS 表现部分

打开“index. css”文件，继续编写 CSS 代码，代码如下：

```
1  .wbt_title {font-size:16px;color:#D90000; line-height:40px; height:40px; text-align:center;
   border-bottom:1px dashed #CCC;}
2  .wbt_time {color:#226699; line-height:30px; height:30px; font-size:12px; text-align:
   center;}
```

经验指导

企业网站的设计一般包含三个页面模板：主页、列表页和单页面设计。只要把这三个页面模板设计好，其他页面可以套用这些模板。

项目总结

通过对“铭阳工程管理有限公司”网站的设计制作，学生能够了解一个网站从需求分析到页面设计再到代码实现的整个过程。整个项目的设计制作让学生掌握了企业网站的设计思路，网站包含的元素及模板设计，会综合应用 HTML5＋CSS3＋JavaScript 完成网站前端设计。

参考文献

[1] 黑马程序员. HTML+CSS+JavaScript 网页制作案例教程[M]. 北京:人民邮电出版社,2015.

[2] 黑马程序员. 响应式 Web 开发项目教程 [M]. 北京:人民邮电出版社,2017.

[3] 莫振杰. Web 前端开发精品课基础教程 [M]. 北京:人民邮电出版社,2017.

[4] 胡晓霞. HTML+CSS+JavaScript 网页设计从入门到精通[M]. 北京:清华大学出版社,2017.